神奇的灾难预言

预测未来世界的预言

美狄亚 ◎ 编著

北京工业大学出版社

图书在版编目（ＣＩＰ）数据

　　神奇的灾难预言 / 美狄亚编著. — 北京 ：北京工业
大学出版社，2017.2 （2020.11 重印）
　　ISBN 978-7-5639-5030-0

　　Ⅰ.①神… Ⅱ.①美… Ⅲ.①灾害–普及读物
Ⅳ.①X4-49

　　中国版本图书馆 CIP 数据核字 (2016) 第 279132 号

神奇的灾难预言

编　　著：美狄亚
责任编辑：李周辉
封面设计：芒　果
出版发行：北京工业大学出版社
　　　　　（北京市朝阳区平乐园 100 号　邮编：100124）
　　　　　010–67391722(传真)　bgdcbs@sina.com
出 版 人：郝　勇
经销单位：全国各地新华书店
承印单位：山东华立印务有限公司
开　　本：640 毫米×960 毫米　　　1/16
印　　张：20
字　　数：252 千字
版　　次：2017 年 2 月第 1 版
印　　次：2020 年 11 月第 3 次印刷
标准书号：ISBN 978-7-5639-5030-0
定　　价：39.80 元

前　言

1

几百年前,伽利略发明了第一台天文望远镜,他从科学的角度颠覆了地球中心说,发现了宇宙的"和谐之美"。

然而,宇宙虽美,却并非我们想的那么和谐。埃及神话中的阿波菲斯,是最古老的邪恶和毁灭之魔,在每个夜晚都企图毁灭太阳,让整个世界陷入永久的黑暗之中。由此命名的阿波菲斯小行星正以 1/37 的概率向地球冲撞而来。一阵阵太阳风,一会儿通信信号中断,一会儿卫星失灵、飞船轨道下降,众生灵战战兢兢;外星人是否会到来无法确证,但隐忧从不曾从科学家们的脑海里抹去……

而地球,就更加不太平了! 黑死病曾夺去半数欧洲人的生命,如今多种传染病毒还"逍遥法外";气候变暖导致的海平面上升使陆地逐年减少,照此下去地球有"水漫金山"之虞;物种退化和灭绝,使人类要担心口粮及生物多样性问题;而被爱因斯坦视为"可以让人类重回刀耕火种时代的核问题",一直如利剑长悬头顶……

一些严肃的科学家,正向全人类发出警告:人类的命运不容乐观!

2

一些人乐观地认为，真到太阳系毁灭时，人类的后代早就具备了高科技，移民到银河系的其他角落。

但是，由于来自外部太空及人类自己愚蠢行为造成的威胁，地球生灵的命运能否度过 22 世纪都很难说。英国理论天文学家马丁·里斯在他的著作《最后的世纪》中预言：地球在未来 200 年内将面临十大迫在眉睫的灾难，人类能够幸免的机会只有 50%。

尽管有些荒诞预言耸人听闻不足为信，但事实上，宇宙中确实存在很多未解之谜，而每一种神秘的力量都足以对人类未来命运产生至关紧要的影响。宇宙中，哪怕数百万光年以外的一颗超新星爆炸，都将潜在影响地球在太空中的命运！

3

不管是保险业常称的"不可抗力"，还是人类自己的愚蠢行为造成，总之人类可能面临的灾难分为两种类型：一种是整个世界的终结，灾难使地球成为再无生命的荒芜星球；另外一种则是人类文明的彻底毁灭，即仍有小部分人在灾难之后生存下来，不过人类文明回到了旧石器时代。

这也许有点杞人忧天，但从情感上来说，我们是永远的地球中心主义者，因为我们生活于大气之下、海洋之间、陆地之上。

所以，各国领袖已坐到谈判桌前，共同讨论解决之道；科研机构亦在实验室里，纷纷寻求拯救之途。他们一起完成、设计的一套套应对预案，是我们直面巨灾的生存、生活指南。

毋庸讳言，人类脆弱如一根芦苇。但这根芦苇绝不会坐以待毙，等待灾难的随意收割。

目　录

第二章 没有太阳,地球将被冷冻起来   /34

太阳的"脾气"着实不太好,动不动就"大发雷霆",掀起一阵阵太阳风,弄得地球跟着"担惊受怕",一会儿通信信号中断,一会儿卫星失灵、飞船轨道下降,众生灵战战兢兢。人们开始担心太阳会给人类带来巨大的伤痛。

第三章 与黑洞较量,地球注定要失败吗   /66

在科幻小说中经常描写到,地球逐渐被黑洞吞噬,人类世界毁于一旦。当今一些科学家表示,这并非只有在科幻小说中才可能出现:"事实上危险正在逼近。在黑洞与地球的较量中,地球注定要失败,这是显而易见的。"

第四章　超级火山爆发,地球能否逃过"死亡之劫"　/89

在什么样的情况下,大地会被灰尘覆盖,地球进入冰河世纪,生命从此终结？答案是:超级火山爆发。

据科学家推算,美国黄石国家公园每60万年就发生一次超级火山喷发,而上一次发生在63万年以前,因此,下一次爆发可能并不遥远。

第五章　地震引发的"蝴蝶效应" /125

人类无法预知地球是否会再发生一次类似 1923 年关东地震那样的地震。在那场地震中,340 万人受灾,经济损失达 65 亿日元。科学家估算,如果人类再遭受一次类似的大地震,世界股票市场将如"自由跳水",欧洲和美国经济将彻底崩溃。

第六章 热死地球——温室效应日益明显 /153

据科学家们分析,到2050年全球变暖将导致地球上四分之一的植物与动物消失。如果真的如此,那么这将是自恐龙灭绝以来全球最大的一次物种灭绝。

这是一个让人寒心的结论——人类社会的进步最终导致自身生存环境的恶化,甚至危及业已创造的文明。

第七章　可以让人类重回刀耕火种时代的"核冬天" /181

据统计,目前全世界有几万枚核武器,只要其中的千分之一被滥用,就足以导致人类末日提早来临。

第八章　生化武器的危害并不遥远　　　　/214

少数国家从来就没有放弃生化战的准备，只不过手法更加隐蔽罢了。由于生化武器比其他大规模杀伤性武器更容易制造和走私，因此，它对整个人类的威胁不仅没有消除，反而在冷战后增大了。

第九章　真实的梦幻——外星人与 UFO　　　　/253

英国著名物理学家斯蒂芬·霍金警告说:外星人必定存在,但人类应该避免同它们接触。他认为文明的冲突将是不可避免的,外星人很可能仅仅为了资源就袭击地球。霍金这样说道:"如果外星人拜访我们,结果就如同哥伦布发现美洲大陆一样,我们的结局不会比美洲土著人来得更好!"

第十章　机器人可能接管世界吗

　　尽管任何一场核战争、一颗小行星撞地球甚至全球变暖问题都可能会对地球造成难以想象的大灾难，然而，摧毁人类的最大威胁也许并不是这些东西，而是人工智能机器。一些专家预言，人工智能机器可能会在未来发动"政变"，接管地球，人类可能将再次住回洞穴中。

天文工作者在长期观测的基础上，对人类提出了严重的警告——当心那些在地球周围飞来飞去的小天体吧！那些石头、冰块和金属物质组成的小行星，那些拖着长长尾巴的彗星，还有那些高速喷射的宇宙粒子等，都可能是冲向地球的"宇宙导弹"，轻者让地球千疮百孔，重者甚至会置地球于死地！

小行星撞毁地球？概率小过彩票中大奖

　　科学家通过测算——

　　一颗直径 1 千米大小的小行星每隔 10 万年就会撞击地球一次，这种尺寸的天外物体将会引起全球性的生态灾难；

　　一颗直径 10 千米大小的天外物体将会夷平地球，使地球重现几千万年前恐龙灭绝的灾难！

　　既然行星撞地球如此恐怖，那么要是真的发生了，该怎么办？

　　是抽调各国航天精英去执行"弥赛亚计划"（1999 年灾难电影《天地大冲撞》），还是任由布鲁斯·威利斯带着一帮石油工人去发挥个人英雄主义（1999 年灾难电影《世界末日》）？

　　要回答这个问题，大概要看究竟谁对炸掉一颗小行星更加在行。

但是，现在的科学家还没想那么远。他们着急的是，赶紧找到所有近地大天体的踪迹，并对之进行密切监视，在可能有灾难来临时及早进行预报，让人们有所防备。

星际漫游——小行星真实面目

在太阳系中，除了八大行星外，还有成千上万颗我们肉眼看不到的小天体，它们像八大行星一样，沿着椭圆形的轨道不停地围绕太阳公转。与八大行星相比，它们好像是微不足道的碎石头。这些小天体就是太阳系中的小行星。

大多数小行星是一些形状很不规则、表面粗糙、结构较松的石块。这些小行星和它们的大行星同伴一起，一边自转，一边自西向东地围绕太阳公转。尽管拥挤，却秩序井然。有时，它们巨大的邻居的引力会把一些小行星拉出原先的轨道，迫使它们走上一条新的漫游道路。

1. 告别单身——第一颗小行星的发现

从 18 世纪起，天文学家开始热衷于寻找太阳系的大行星，他们总觉得太阳系 "人丁不旺"，所以总是希望能为太阳系再发现一些新成员。

在寻找的过程中，他们发现了一个奇怪的现象：在当时发现的六大行星中，水星、金星、地球和火星之间的距离都不太远，唯独火星与木星之间拉开了很大距离，显得很不协调，其间似乎还应当存在一颗行星。

于是，他们的视线都紧紧地盯着这个地方，在这里寻找那颗"失踪"的行星。正所谓"有心栽花花不开，无心插柳柳成荫"，"失踪"的大行星没有找到，却意外地找到了另外一颗很小的行星。

谷神星

1801 年元旦这一天夜晚，人们都沉浸在辞旧迎新的节日气氛之中，一位天文学家皮亚齐却仿佛与这些热闹和快乐无缘。他孤寂地与望远镜相伴，将全部身心都融入了苍茫浩瀚的星空之中。仿佛新年给他带来了好运，这一天他发现了一颗新的行星，这颗星的位置正好在火星和

小行星带

木星之间，符合寻找的要求。但是，这颗被命名为谷神星的行星的个头很小，这让他感到很困惑——因为它比太阳系中其他行星实在是"小得太多了"！

继这位天文学家之后，在这个位置附近，不断有小行星被发现：1802 年发现了智神星；1804 年发现了婚神星；1807 年发现了灶神星；40 年之后的 1847 年，又发现了义神星……到 1890 年，已经有 300 颗小行星被发现了。随着照相术的发明应用，发

现小行星变成了一件越来越容易的事情，在 20 世纪的后几十年，通过这种方式发现的行星数量开始大幅度增长。

这一系列的发现，让人们不得不面对这样一个事实：在火星和木星轨道之间，并没有大行星，存在的都是小行星。这些新发现确实给太阳系增加了许多新成员，不过，这些新增加的"小弟弟"虽然数量很多，但都有个共同的特点：它们之间基本上没有什么引力关系，都属于独来独往的"单身汉"。

长期以来，人们一直在思考，这么多的小行星从何处而来？

关于小行星起源的第一假设是由智神星的发现者奥伯斯提出的。他认为上帝是公正的，太阳也不会有什么偏爱，在离太阳 2.8 天文单位的地方，本应该有一颗类似于地球的行星，只是后来不知是什么原因，这颗行星爆炸了，爆炸的碎片就成了小行星。

但是，奥伯斯的假设提出后，天文学界的反应并不佳，不少天文学家不以为然——既然是爆炸，就应该说明是什么原因引起的爆炸！在 19 世纪初，地球上高能高效的炸药尚未问世，人们实在想象不出哪有如此巨大的能量，能把直径几千千米的行星炸掉。因为地球上的火山爆发、地震、海啸等灾难虽然惊心动魄，但对地球而言是蚍蜉撼树，伤不了地球半根毫毛。

当时，奥伯斯也曾想找出爆炸的原因，但他绞尽脑汁搜肠刮肚，仍然连引爆的"导火线"也难以说清楚。

不过，奥伯斯的假设也得到一部分人的支持。随着时间的推移，特别是 19 世纪末 20 世纪初，小行星像潮水般地涌来，人们对爆炸后碎片数目很多的假设，也不再怀疑了。

关于小行星的起源，目前有很多看法，谁是谁非尚无定论。小行星的诞生之谜还有待今后回答。

2. 夫妻生活——小行星也"有家有口"

在火星和木星之间的"单身汉"实在太多了，慢慢地，人们对这些自由散漫、天马行空般的"王老五"们，已经见怪不怪了。但是，在一个偶然的情况下，人们忽然发现，有些"单身汉"实在是名不副实，它们实际上已经有了"事实婚姻"，早就和一个"伴侣"过着"亲密恩爱"的"地下夫妻生活"。

这样"两口之家"的成员，实际是一颗星体和它身边被称为掩星的另一颗卫星。

1978年6月7日，美国天文学家在观测532号大力神小行星时，得到了一份这样的惊喜：大力神有一颗掩星！大力神星如其名，个头比较大，直径为243千米，它的掩星则是一副娇小玲珑、小鸟依人的模样，直径为45.6千米，大力神与它的这颗掩星相距977千米。这是天文学家第一次发现小行星有掩星，这个"两口之家"是不是小行星中的一个特例呢？天文学家对这个问题开始感兴趣了，他们决定进一步寻找下去。

要想观测到小行星的掩星是很不容易的，但是这也难不倒天文学家。因为现在在天文观测中，照相术已经得到充分的运用，人们往往会把当时的观测资料用照片拍摄出来，以备以后研究使用。令人高兴的是，以前那些照片真的帮了大忙。从照片中，天文学家发现18号郁神星也有颗掩星，两者的中心相距约460千米。又经过半年多的研究，科学家们的收获可谓硕果累累——从已经拍摄的照片中，他们陆续发现了30多颗带有掩星的小行星，其中包括2号智神星、6号春神星、9号海神星、12号凯神星等。

这些发现都让天文学家感到惊喜，在火星和木星之间原来还有这么多的"小夫妻"在安静、美满地生活着，这给空旷、寂寥的太阳系，平添了许多温馨与生机。

一般来说，在这些"两口之家"中，都有一个大的和一个小的，小的就是大的的卫星，围绕着大的运转。就像人类的许多家庭一样，通常男人是家庭的主心骨，夫唱妇随，这样才能构成一个稳定的家庭。那么，在这些"两口之家"中，会不会有一些特例，有没有个头一样大，谁也领导不了谁的现象存在呢？这种情况还真的存在。

天文学家发现，休神星是第 40 号小行星，它的两颗天体几乎拥有同样的亮度，就像是夜空中的双星那样，它们的直径都是 80 千米，不仅是一样大的，还可能是由相同的物质组成。它们两者彼此相距 170 千米，相互绕转一周所需要的时间为 16.5 小时。一开始，人们有些奇怪：这么明显的特征，为什么以前就没有发现它是一对双星呢？当人们把以前的资料找出来检查时，却发现，早在 1996 年丹麦天文学家描绘该小行星的光变曲线时，已经表明它是个双小行星，遗憾的是当时人们并未加以注意。

既然大小一样，质量也一样，那也就不存在谁主谁次的问题了，它们不是一个围绕着另一个运转，而是两者围绕着它们公共的质量中心运转，就像那些相敬如宾、地位平等的夫妻一样。

于是，人们知道了，在小行星社会里，不仅有"两口之家"，而且还存在着两种不同的生活模式，"夫妻关系"也有所不同。

在太阳系内，"甜蜜小两口"的发现，确实给人们带来了惊喜。但是，后来科学家又发现了更稀奇的事情——太阳系中还有"三口之家"。

2005 年 8 月，美国加州大学和巴黎天文台的天文学家共同宣布，他们发现了一个"一家三口"的小行星系统。其中，主小行星的名字叫作西尔维亚，是以罗马神话中建立罗马城的罗穆卢斯

和雷穆斯兄弟之母的名
字来命名的，它是小行
星系统中较大的一颗，
半径为 136 千米，与太
阳的距离是地球距太阳
距离的3.5倍，它在火星
和木星轨道之间运行。
西尔维亚主星可能由冰

小行星的世界

和原始小行星的碎石构成。其实，早在 1866 年，科学家就发现
了这颗小行星，那时候大家仅仅知道它是个"单身汉"。但是，
2001 年，它的"单身汉"形象被改变了，科学家发现它还有一个
伴侣，它其实是"两口之家"的成员。

　　天文学家很想知道这个"两口之家"的轨道特征，于是对这
个"两口之家"进行了多次观测，每一次观测都留下了丰富的图
像资料。通过研究这些图像资料，人们不仅算出了这个"两口之
家"的轨道关系，而且还发现另一颗小行星总是陪伴在它们周
围——就好像是夫妻身边带着一个小孩子一样——这就表明，它
们三者之间有着引力关系。于是，这些天文学家宣布了他们的新
发现：这不是"两口之家"，而是"三口之家"。新发现的这颗卫
星特别小，直径只有 7 千米，因为太小并且距离它的"父母"太
近，往往会淹没在"父母"的光芒中，使人很难发现它。它每33
个小时环绕主星运行一圈。

　　"三口之家"的发现，使小行星的社会更加丰富多彩。"单身
贵族""两人世界""三口之家"的先后发现，不断地给人们带
来惊诧和喜悦。

　　如今，人们更加感兴趣的是，太阳系是不是还存在着"一家
四口"的小行星家族。可以肯定地说，这种情况存在，而且，科

学家还相信，随着观测技术的进步，不仅会有"四口之家"面世，"五口之家""六口之家"也会被发现，甚至可能还会发现"几代同堂"的太阳系中的"小太阳系"。

同时，我们可以预见，它们之间的轨道关系会更加复杂，就像人类社会一样，家里人口越繁杂，也就越容易产生更多的矛盾。不过，越是复杂的星体现象，就越能激发起天文学家们的研究兴趣，也越有研究价值。天文学们正在摩拳擦掌，等待着新的发现。

人们以特别的方式为小行星命名。一般来说，每颗小行星是以其被发现的次序一一编号，此外它们还有自己独特而响亮的名字。迄今发现的小行星中，98%是以女神、王后、仙女、巾帼英雄和女王的名字命名的。人们也用历史上各界名人的名字来命名小行星。比如红极一时的英国甲壳虫乐队，其四位成员的名字分别对应了一颗星；在美国"哥伦比亚"号航天飞机坠毁事故中罹难的7名航天员也得到了这样的荣誉。因此，每当人们仰望星空时，就会想起一个个伟大的名字。

3. 亲戚关系——火星的前世是小行星吗

乍看火星，简直就像另一个地球：它的自转周期为24时37分，一天只比地球的一天多几十分钟；它的赤道与公转轨道的倾角为25.19°，与地球的黄赤交角极其相近。所以火星与地球一样，四季循环、五带分明。由于火星离太阳比地球远，接收太阳的光和热不及地球一半，因此赤道温度为 – 138 ℃ ~ 27 ℃。火星整个表面的平均温度为 – 63 ℃，比地球的13 ℃低很多，但在茫茫宇宙中，仍不失为与地球温度最接近的一颗行星。

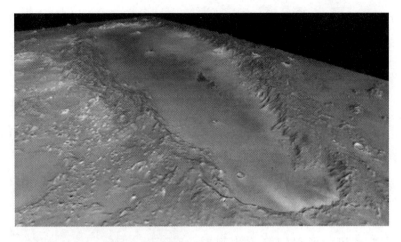

火星发现神秘狭长陨坑

凡此种种，使火星赢得了地球"亲姐妹"的美名。然而，随着对火星研究的日趋深入，人们终于发现，称火星为地球的"亲姐妹"实在是自作多情！

实际上，火星与地球差异悬殊。首先，火星的体积小了点：赤道半径只及地球的53%，质量是地球的11%，总体积是地球的15%。其次，火星虽有大气，却稀薄到只有地球30千米～40千米高空的程度；而昼夜的温差竟有65℃，远胜于地球的四季温差。它的大气成分中，95%是二氧化碳，水分又极少，总含量仅有4亿吨，还不到太湖的1/10。

所以，火星可称得上是烟尘滚滚（尘暴）、滴水不漏、满目荒凉的不毛之地。作为生命绿洲的地球怎肯认这个冒牌的"亲姐妹"呢？

21世纪，当人类第一次登临火星时，迎接这首批地球使者的将是一个死寂的世界：稀薄的大气、干燥的地表。整个火星表面找不到任何一滴液态水，这与地球表面3/4的海洋形成鲜明的对照。然而科学家认为，早年的火星也是大气充盈的，其气压几乎与地球相等。两艘"海盗"号飞船的空间探测发现：火星上存在许多长短不一的干涸河床，最大的竟达1500千米长、200千米宽。在火星南半球，则遍布峡谷，在峡谷两壁留着清晰的水流冲刷的痕迹。因此可以认为，火星也曾经是一个水乡世界。

火星上的大气和水为什么会"今不如昔"呢？关于大气消失的原因，科学家们将其归咎于彗星及小行星，当它们降临火星时，引起强烈爆炸。炽热的气体急剧膨胀，终于使大部分大气逃离了这个重力比地球小得多的行星。

火星是因小行星爆炸而发现的

水源的消失，则起因于频频爆发的火山，也可能是由于气候的变化，过早结束了温室效应，停止了极冠和其他地区冰的融化。但是有证据表明，在火星极冠、高纬度的冰冻层和岩石的风化层中，仍保存了大量的水冰和结合水。

地球和各大行星除了绕日公转之外，还绕自己的轴自转。这"轴"虽然看不见摸不着，却实实在在地存在着，而且还会在行星体内"游走"，这就是"极移"。当然，这种移动是很微小的。然而美国的两位科学家提出，火星也有类似的"极移"，而且经几十亿年的积累，古今地极位置已有

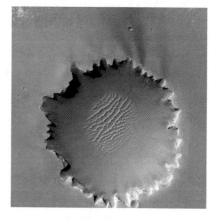

小行星撞击火星

120°之差，早年的极区正在现今的赤道地带。他们的依据是：火星现赤道地带几千米厚的沉积物与现极区物质极为相似，是由空气输送的尘埃物沉积于极冠，再伴随极冠的消融沉积而成。火星的极移是怎样形成的呢？这大致可从内、外两方面来探索。从内因来说，频频的火山喷发将大量熔岩输入盆地，改变了火星内部的物质分布，自然引起火星自转轴

新月形火星沙丘

的倾斜；另一方面来自外来陨石，尤其是击向原极区的陨石的轰击，是导致火星自转轴偏移的重要原因。

　　火星的赤道半径为 3396 千米，比水星和冥王星都大，它的大行星地位从未受到怀疑。但现在出现了对此持有异议的发难者——英国的科学家休斯。他认为火星原来是一颗小行星，当然是小行星中最大的一颗。休斯认为，在太阳系形成之初，地球与木星之间存在着一个总质量为地球 4 倍的细微尘埃状物质。团内尘粒逐渐黏合，就会形成越来越大的天体，最大的半径可达 8600千米，最多曾有 8 个。而今日的火星正是这"八大金刚"中唯一的幸存者，其他的就是现存的数以万千计的小行星。这样，火星就与小行星同源，它的辈分之所以仍在"行星"之列，可能是因为不甘心这个"小"字。

　　休斯的"指控"是否言之有据？科学家从不戏言。现在已查证，铁质小行星占小行星总数的 3.7%，而理论计算表明，铁质内核能占总数 3.7% 的天体，其直径应达 8600 千米。火星现在的

直径正与此相近，足见它与小行星有着可让人说三道四的"血缘"关系！

穿越雷区——惊心动魄的宇宙之战

这些可能是"炸弹"的行星数目究竟有多少？保守的估算，仅仅是在地球围绕太阳运动的轨道上，就有几百颗近地小行星分布。在这些小行星中，直径 1000 米以上的有将近 100 颗。

如果将地球比喻为奔跑的马拉松运动员，这些小行星就是地球行进途中的移动地雷。至于直径 50 米以上且离地球远一点的小行星，那就更多了。我们的地球，实际上是在雷区中穿行！

可能有的人觉得地球是那么大的一个星球，怎么会怕直径几米甚至几十米的小天体呢？物体撞击时的能量，除了它本身的质量会起作用，速度也是十分重要的。小质量的物体，仅仅因为高速运动，同样拥有巨大的动能，会给被撞击的物体当头一棒。所以，一颗高速运动的子弹可以穿过厚厚的钢板，高速公路上两辆时速 120 千米的汽车的撞击会引起巨大损失。

相对于整个浩瀚的太空，地球只是一颗赤道半径 6000 多千米的行星。地球的个头虽然比月球、陨石大，但与半径近 70 万千米的太阳相比，简直不值一提。在那些"宇宙导弹"的包围之中，地球一直安然无恙，还真是我们人类的好运气！

1. 危害纪实——"太岁头上动土"的大碰撞

看看全球那几百个巨大的陨石坑，就知道地球其实不是一块平静的乐土。在过去 46 亿年里，地球不知接待了多少莽撞的不速之客，只不过地质变迁和生命活动抹掉了大部分"客人"的痕迹，只留下特别显著的一些。

彗木大碰撞

随着观测手段和计算技术的进步，科学家成功预报了 1994 年 7 月彗星撞击木星的事件，目睹并记录了这一天文事件的全过程。

这颗大胆的彗星叫作"苏梅克－列维"9 号，1993 年 3 月 24 日被天文学家首次发现。后来，天文学家们从帕洛玛山天文台施密特望远镜拍下的一组照片中，发现了一颗"好像是被压碎了"的彗星。亚利桑那大学的天文工作者司各蒂闻讯后立即用基特山天文台空间监视望远镜进行观察，确认这是个像大雁般排成一字的彗星队列。报告送到相关的国际研究中心后，更多的天文学家投入了紧张的跟踪追迹。很快，"苏梅克－列维"9 号彗星成为天文观测的热点。

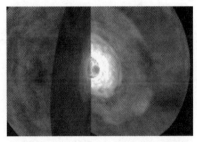

彗星和木星相撞的样子

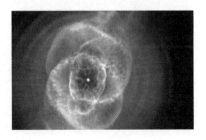

彗星与木星相撞后的景象

"苏梅克－列维"9 号彗星本来是围绕木星运行的一颗彗星。这颗彗星的运气不好，在 1992 年 7 月 8 日靠木星靠得太近，以致超过了木星引力的洛希极限，被木星强大的潮汐力粉碎为 21 个碎

片。1994年7月，这群碎片再度
返回木星，"苏梅克－列维"9号
似乎是带着复仇之心要找木星进
行清算。这21块碎片组成浩浩荡
荡的彗星群，鱼贯而行，如同一
列近200万千米长的太空列车，
以60千米/秒的宇宙速度扑向木
星。21块碎片对木星的撞击一直
延续到7月22日。

"苏梅克－列维"9号彗星
碎片撞击木星

木星，被古人称为岁星，也
就是俗称的太岁。苏梅克－列维9号对木星的撞击，真有点"太岁
头上动土"的意思。木星是太阳系中最大的行星，直径是地球的
11倍，体积是地球的1316倍，质量则相当于地球的318倍，比太
阳系其他七大行星质量的总和还大一倍半！要想穿过主要由氢和氦
组成的厚达1000千米的大气层撞击它的地表，谈何容易。更何况
木星地表上沸腾的氢海，还可以缓冲强大的冲击力。

这群彗星碎块的质量虽然与木星无法相提并论，但撞击还是
引起了木星的激烈反应。第一块彗核碎片撞到木星上，相当于
2000亿吨TNT（一种烈性炸药）爆炸。木星表面当即升起一个蘑
菇云及高达1000千米的大火球，并产生了不低于10000℃的高
温。木星表面由此留下直径约为1900千米的暗斑，但这块碎片
是所有碎片中最小的一块。碎块G15号最大，直径在3.5千米以
上，产生的烈焰升到1600千米的高度，形成的撞击点面积相当
于地球80%的大小，产生了强烈的红外辐射。彗星碎片与木星大
气层摩擦产生的万余度高温虽然使彗星碎片化为乌有，但爆炸时
候的气体和尘埃形成庞大蘑菇云，引发木星风暴和磁暴。当所有
碎片依次撞进木星的巨大表面后，木星上留下8个直径10000千

米以上的创面，这成为识别木星的新标志。

木星尚且伤筋动骨，比它小那么多的地球如果碰到这种情况该怎么办呢？

天会塌下来吗

如果想对这种撞击事件的频繁程度有更具体的认识，我们找一架好点的望远镜，瞧瞧月亮上随处可见的环形山便可知晓——月球上没有空气和水的侵蚀，陨石撞击的痕迹几乎可以一直保留下去。

除八大行星之外，太阳系里还有许多绕太阳运转的"零碎"行星，它们绝大部分位于火星和木星之间的小行星带中。其中一些小行星具有特殊的轨道，会定期接近地球，被称为"近地小行星"。此外，一些彗星也会不时地光临地球附近。这类小行星和彗星统称为"近地天体"，如果其中某一位在地球引力的作用下扑向地球，对人类而言，那就是天塌下来了。

一般说来，直径小于 50 米的近地天体基本可以不去在意，因为它们在落入地球大气层时，摩擦产生的热能足以把它们燃烧得片甲不留，至多不过是变成耀眼的流星划过天际。但直径在 50 米至 1000 米之间的天体就不同了，它们可能会造成地区性的灾难，而且尺寸越大，麻烦就越大。万一撞上大城市，死亡人数就可能以百万计。最可怕的是，如果这些天体直径超过 2 千米，那么它就足以引起全球性的气候剧变，就像恐龙时代所经历的那样。但是这一天是在何时呢？谁也说不准，也许会在 100 万年后，也许就是明天。

关于小行星的消息，媒体上时常披露，有一段时间还有"小行星与地球擦肩而过，如撞中可能杀死 15 亿人"的可怕报道。太吓人的消息反而让人生疑，大多数读者看到这消息恐怕都会一笑置之吧——哪里就真的撞上来了呢，那颗小行星离地球还有几百万千米呢。

然而，英国政府的一个三人专家顾问小组发表了一份报告，就如何加强探测可能撞上地球的天体向政府提了一大堆建议。英国科学大臣赛恩斯伯里还郑重其事地把这份报告夸奖了一番，说政府会认真考虑专家们的建议。没过几天，中国又表示将在紫金山天文台建一个空间警戒网，监测可能撞上地球的小行星。同时，华盛顿政府召集了来自全球高级别的科学家赴美，召开一个紧急"反恐"会议，以讨论如何才能使美国和其他国家的城市从"毁灭性的灾难"中逃离出来。不过，这次科学家们讨论的"恐"却不是全球的恐怖主义，而是来自地球外的小行星撞击。这就让人有点紧张——如果是某个科学家或媒体的一家之言也就算了，政府不会随便跟公众开玩笑。那么，天真的会掉下来吗？

当然会的。为什么不会呢？

2. 有利有弊——小行星"砸"出了人类吗

行星之间的相互碰撞是在所难免的，地球有史以来至少经历过几十亿次外星体的撞击。只是现在人类还无法证实它们发生的确切时间、地理位置及所带来的后果。

我们通过天文望远镜和宇宙飞船带回的照片可以清楚地看到，月球、水星、火星、金星、木星等行星上都布满了成千上万的环形山，而这些山体大都是其他天体撞击留下的痕迹。

小行星的闯入使人类得到了生存空间吗

一颗行星呼啸而下，所有生灵瞬间毁于一旦……这就是发生在白垩纪与第三纪之间的"K–T灭绝事件"。在这次地球有史以来第二大的生物灭绝事件中，地球上75%以上的物种灭绝，恐龙时代从此终结。恐龙和其同类失去了地球上的霸主地位，为哺乳动物及人类的登场让出了历史舞台。

专家称小行星相撞导致恐龙灭绝

科学家们现在大多倾向于"K-T灭绝事件"的肇事者是陨星的说法。这颗不折不扣的杀手星，直径约有10千米。地球上的动物看见它的时候，它到地面的时间已经只能用分钟来衡量。这颗陨星如果是小行星，速度为15千米/秒；如果是彗星，速度可达60千米/秒。

这颗陨星与大气层的瞬间摩擦使它的表面燃烧起熊熊大火，它在接触地面的一刹那爆炸，爆炸的能量相当于目前全世界核武器库中所有核武器威力的1万倍。爆炸产生的热能与强大冲击波，把周围一切东西消灭得干干净净。陨星的一头撞在地面上，留下深达25千米的坑穴；另一头撞到海面上，激起了50米高的海浪，海啸冲上陆地，灌入内河。

强烈的撞击引发了全球性的大地震，火山也随之爆发。陨星碎块与地球上的岩石碰撞后全部气化，羽毛状的尘埃与气体向外爆炸，形成了厚厚的尘埃云，遮住了天空。大火在森林中迅速蔓延，全球的林木都在火焰中呻吟。尘埃云与大火形成的浓烟混合在一起，遮天蔽日，持续了两三个月。植物见不到阳光，无法进行光合作用，大批量死亡。

科学家们推测，这数月内地球每平方米土地上覆盖了1千克尘埃，形成了第三纪的首层沉积物。科学家们还估计，碰撞后大气中的氧、氮与石灰岩中的水汽化合，生成了硝酸。石灰岩还释

恐龙

放出大量二氧化硫气体，形成硫酸。含酸气体在尘埃云下凝聚生成酸雨，溶解了海生物的贝壳，某些陆上动物的骨骼也被溶化，一些地方从此变成了贫瘠的不毛之地。因为没有阳光，海洋中的浮游生物也大量死亡，海洋食物链被严重破坏。在某些陆地上，地面温度降低了 20 ℃，且时间长达半年之久。

大爆炸之后，地球变得忽冷忽热。不仅仅是翼龙、蛇颈龙、鱼龙等爬行动物，以及菊石、箭石等海洋无脊椎动物都相继灭绝了。中生代末，地球上有动植物 2868 属，到新生代初只剩下1502 属。75% 的物种灭绝了，生物界遭到了空前的大毁灭。

地质学上的"喜马拉雅运动"

地动山摇的灾变对地质海洋和气候也造成了难以估量的影响。地质学上的"喜马拉雅运动"就发生在这次灾变之后，这是一系列的造山运动和构造运动——印度洋板块向亚欧板块冲击，古地中海闭合，挤压出了世界上最高的喜马拉雅山脉；太平洋板块向南美板块挤压，形成美洲最高山脉安第斯山。拔地而起的高原和大山脉阻碍了空气的流通，中部地区出现了大面积干旱或半干旱气候。为了适应气候的改变，生物的形态随之发生变化。哺乳类和鸟类登上了地球舞台，灵长类的始祖诞生了。

有研究者认为，中国四川盆地就是一个巨大的陨石坑，而且它是导致恐龙灭绝的最直接证据。那是一颗直径在 20 千米左右的小行星，以高达 1 万亿千克 TNT 炸药的威力，由东南方向呈

30°～40°入射角急速向西南方向的地壳砸去，砸出了四川盆地。小行星瞬间撞击的巨大能量造就了横断山脉上的大褶皱。

月球很可能是幼年地球被小行星撞击后的产物

无独有偶，有月质学家认为，月球很可能是幼年地球被小行星撞击后的产物。这颗小行星有火星那么大，是一颗重量级的"炮弹"，它撞击地球的结果是溅起了无数地球的碎片，凝结成了月球。有了月球，地球上才有了潮汐，海水才有了涨落，生命才可能走上陆地……

科学家对月球陨石的最新研究表明，月球和地球在大约 40亿年前遭到了来自小行星的具有毁灭性的"轰炸"。这场轰炸可能对早期地球演化产生了重要影响，因为当时正是地球上生命形成的时间。这场"轰炸"持续了 2000 万年2 亿年，流星或陨石在整个月球上砸出许多陨坑并改变了月球表面的面貌。

在地球上，这一轰炸有可能令海洋蒸发，使大气充满窒息生命的雾气。如果当时地球上有生命的话，所有生命都将绝迹。

科学家又推测，远古陨石或彗星有可能给地球带来生命：一些复杂的有机分子或原始的生命形态"搭乘"天外陨石或冰冻的宇宙碎片落到了地球上，成为地球上生命开始或生命重现的"种子"。

太空杀手——地球时刻处在小行星的威胁之下

天文学家一直在寻找这类小行星，到目前已经发现了 10 万余颗，其中有几千颗直径超过 500 米的小行星飞到地球附近，但是这些小行星中只有10%能计算出精确轨道，其他90%还在我们的"盲区"内运行，这给地球造成很大的威胁。

我们每年能发现几十颗这类小行星，它们会不会"图谋不轨"，我们还无法知道。或许哪一天，某颗小行星会突然发起疯来，一头撞向地球，人类就倒霉了。

1. 过去："图谋不轨"的小行星

在20世纪的100年中，已发生过多次小行星与地球近距离相遇事件。

1930年，第一颗引起人们注意的近地小行星是爱神星。1930年1月30日，它离地球仅0.17天文单位。1932年，科学家又发现了第二颗近地小行星阿摩尔。

小行星坠落于苏丹的残余物之一

1936年，有一颗编号为"2101"的小行星（后命名为"阿多尼斯"）在与地球相距只有220万千米处与地球擦肩而过。

1937年，发现了一颗直径为1.5千米的小行星，命名为"赫米斯"。当年12月30日，赫米斯逼近到距离地球60万千米处。根据计算，它最接近地球时，距离地球可能只有30万千米。也就是说，它从地球和月球之间穿过，曾给地球造成了可怕的威胁。

1972年8月10日，在美国加利福尼亚州上空，一颗直径10米的小行星在离地球58万千米的高度，从南向北和地球擦肩而过。

1983 年 10 月 11 日，美国的国际红外天文卫星在太空遨游，突然发现一颗小行星，科学家给了它一个临时的编号 1983TB（现命名为"法厄同"）。科学家根据卫星传回的信息，计算出它的运行轨道后，吓出一身冷汗：当这颗小行星在 2115 年再次来临时，有可能与地球相遇！有人认为到那时，人类世世代代生息繁衍的地球有可能会大祸临头。这次存亡难卜的考验或许是小行星直冲地球，或许是它有惊无险地再次与地球擦肩而过。

1988 年 12 月 10 日 1 时 20 分，在中国湖北省也出现过同样的险情。

1989 年冬天，是个极为不寻常的冬天。对于全世界来说，这个冬天人们都是在一种说不清是担忧还是不安，是恐惧还是悲哀的心情中度过的。事情的起因是在 1989 年 12 月 14 日，世界各地的许多报纸都转载了一则爆炸性新闻——《一颗小行星可能撞击地球》。这则消息是这样写的："于近日结束的美国地球物理学联合秋季会议披露，这颗可能撞击地球的行星直径约为 1 千米，目前距地球 80 万千米，为月球至地球距离的两倍。如果发生小行星撞击地球，撞击所产生的能量相当于在广岛爆炸原子弹的破坏力的 770 万倍，地球上一半以上的人口将遭劫难。"

这消息是多么可怕！因为据计算，直径超过 1.5 千米的小行星（如小城镇般大小）若撞击地球海洋，其产生的能量大到足以掀起 3000 米高的海浪，即使在 300 千米以外，海浪仍将高达 500 米以上；若撞击发生在陆地上，会出现如科学家所说的"星击之冬"，届时，地球会被厚厚的尘埃笼罩，暗无天日达数年之久。由于阳光照射不到地面，粮食将大量减产，饥荒、瘟疫将普遍发生，世界上四分之一的人口将丧失生命，人类文明将大倒退。

幸运的是，这一次小行星并没有撞击地球，而是在与地球相距 600 万千米的地方飞过，真是一场虚惊！

1992 年 12 月 4 日，一颗名叫斯威夫特－塔特尔、像小山样的小行星，以百倍于炮弹的速度风驰电掣般地掠过地球轨道而去。这一天体的突然出现着实令科学家吓了一大跳，因为它的轨道如果再偏近地球点，那么人类的命运就不可设想了。

2000 年 9 月 1 日，有颗小行星，距地球最近点约 240 万千米。据康奈尔大学科学家预测，如果这颗小行星不幸撞上地球，可能会导致全球大约 15 亿人的死亡，这将给地球带来毁灭性的灾难。幸运的是，这颗小行星没有"做客"地球的兴致。

2002 年第一次引起公众恐慌的小行星是在 3 月 12 日那天被发现的。该小行星被命名为 2002EM7，它从太阳所在的方向径直朝着地球飞来——太阳所在的方向一直被科学家们认为是天文学上的死角或盲点，因为很多地外不明物体常会被太阳耀眼的光芒所掩盖。所以，它的突然出现让科学家感到吃惊。

科学家们根本没有观察到，这颗具有潜在威胁的小行星正像核弹一样地冲向地球。直到 4 天以后，它飞到距地球 46 万千米范围以内，与地球擦肩而过时，科学家们才察觉，并虚惊了一场。46 万千米在天文学领域，是一个危险重重的距离，因为月亮距地球的距离也不过 38.5 万千米。一旦小行星的距离再近一点，近到地球庞大的引力足以使它偏离自己的轨道，那时的它对地球来说，将是一颗致命的灾星。事后看来，地球、人类在毫无知觉的情况下逃过了一劫。

损失最惨的是哪几国

英国南安普顿大学研究人员日前使用软件，列出一份在地球遭遇小行星撞击的情况下损失最为惨重的国家名单，其中部分国家将面临严重的人员伤亡，而另外一些国家的基础设施则会严重损毁，以致无法恢复国力。

上榜的国家包括：印度尼西亚、日本、印度、美国、菲律宾、意大利、英国、巴西、瑞典、尼日利亚、中国。

在遭到小行星撞击时，人口众多的国家必将遭受巨大的人员伤亡。因此，名单中包括了美国、中国、印尼、印度和日本等人口大国。此外，由于加拿大及瑞典等发达国家的基础设施可能因小行星撞击而完全损毁，因此这些国家也被排在榜单前列。

2．未来：小行星什么时候会与地球相撞

有研究者认为，在 2000 年至 2999 年之间，至少有一颗小行星有 1% 的机会与地球相撞。撞击发生的可能性为六万分之一。

如果它到了地球上空，我们可能只有几分钟的时间思考"世界末日"这个词的含义。等到它降落地面，将引起海啸、大规模火灾和火山爆发，削平几个城市，激起遮天蔽日的尘埃，给地球带来仿佛"核冬天"般的情景。

不过，也有人安慰惊慌的民众，称小行星撞击地球的可能性比起交通事故的可能性来说，几乎可以忽略不计。的确，作为人，在个体短暂的生命过程中，能碰到概率是六万分之一事件的可能性微乎其微。但对于有几十亿年漫长生命的地球来说，遭遇到这样撞击的概率，却非常之大。

对于我们的地球母亲来说，被包括小行星在内的小天体撞击，从而引起局部或者全球的灾难，几乎是无法避免的。

2019 年：对地球构成最大威胁的小行星 NT7

英国广播公司曾经报道，在 2019 年，地球有可能与一颗宽

2019 年小行星撞地球的模拟图

小行星 NT7

度超过 2 千米的小行星相撞。这颗编号为 NT7 的小行星是天文学家在 2002 年 7 月 5 日首次发现的，根据所谓的巴勒莫危险技术等级，天文学家将这颗新发现的小行星定为 0.06 级。因此 NT7 成为第一颗巴勒莫危险技术等级为正数值的小行星（后来降为 -0.25）。

根据初步计算，NT7 与地球轨道会在 2019 年 2 月 1 日相交。在与地球相撞时，科学家估计，NT7 的速度可达到 28 千米/秒。由于 NT7 宽度超过 2 千米，所以它足以使一个洲从地球上消失。

NT7 围绕太阳运行一周的时间是 837 天，沿或接近火星或接近地球的倾斜轨道运行。它位于天文学家通常不太注意的太空区域，因此一直未被发现。

自从发现 NT7 以来，全球已有近 200 个天文台对它进行了跟踪观察。发现这颗危险小行星的科学家要求增加跟踪观察它的天文台数量，以便更准确地计算出它的运行轨道。

英国天文学家称："在我们观察小行星的整个历史中，NT7 是一颗对我们地球构成最大威胁的小行星。"

最新的观测和计算结果则确定，NT7 将在 2019 年 1 月 13 日以 0.4078 个天文单位的距离与地球擦肩而过。

2036 年：黑色星期日的小行星"阿波菲斯"

2036 年 4 月 13 日，对于地球人来说可能是个黑色星期日，因为在这一天，一颗名为"阿波菲斯"的小行星可能撞击地球，它撞击的面积非常大，几乎等于整个英格兰。当天，"阿波菲斯"将从非常接近地球的地方经过，运气好的话，它只是与地球擦身而过；倒霉的话，它就会撞击地球。

日前，天文学家和前航天员们齐聚美国旧金山市召开美国科学促进会年会。在会上，科学家们讨论了小行星撞击地球的潜在威胁有多大、人类应该如何预防每一场潜在撞击等问题，并发出了"末日警告"："请在日历上圈

2036 年，近地小行星可能撞地球

出 2036 年 4 月 13 日，这一天有颗小行星很可能会撞上地球，一旦惨剧发生，它将变成很多地球人的世界末日！"

在埃及的神话中，"阿波菲斯"是古老的邪恶和毁灭之神，它的目的是让整个世界陷入永久的黑暗。科学家将这颗正从外太空直奔地球而来的小行星命名为"阿波菲斯"，正是因为这颗小行星将对人类构成前所未有的灾难性威胁，据称它的危险等级是有史以来发现的小行星中最高的。它直径约 250 米、重 4500 万吨，2029 年会从距离地球 2.5 万千米的地方经过，2036 年与地球的距离会更近。这个距离看起来很遥远，但是从天文学的角度来看，对地球来说相当危险，要知道地球同步卫星离地面的高度都达到约 3.6 万千米。更危险的是，2029 年与地球的"擦肩而过"很可能会改变"阿波菲斯"的运转轨道，大大增加它在 2036 年与地球相撞的概率。

据科学家预测，这颗行星直接撞击在地球城市地区所产生的破坏性，将比"卡特里娜"飓风、2004 年的印度洋大海啸以及 1906 年美国旧金山大地震加在一起的破坏力还要大，其爆炸产生的威力将相当于 1945 年日本广岛原子弹爆炸的 6.5 万倍。

2071 年：千分之一撞击可能性的小行星 2000SG344

对地球来说，到现在为止，科学家们所熟知的最迫在眉睫的危险来自一颗代号为 2000SG344 的小行星。科学家们测算出，这颗小行星将在 2071 年与地球发生碰撞，可能性为千分之一。而一旦与地球相撞，产生的能量将大于 100 颗广岛原子弹，爆炸力超过世界上最强大的核武器。

3. 应对：谁来阻止小行星撞地球

下一颗最有可能和地球亲吻的小星体离这里尚有路程。人们觉得这段时间，无论是武器还是防御工事都有时间作好足够准备。也许我们可以解除小行星撞地球的预警，等下一次危机到来的时候再考虑防御事务。

然而，对于天文学家与小行星监控单位的研究者来说，对小天体的防御期限是永远的。

小行星险级都灵标准

首先，小行星险级是按都灵标准划分的。1999 年 7 月，国际天文学联合会在意大利的都灵制定了小行星对地球威胁程度的危险等级标准，并将此标准命名为"小行星险级都灵标准"。其目的是使研究人员、新闻媒体和公众能够准确地辨别和掌握某星体对地球的实际威胁程度，避免造成不必要的恐慌。标准共分为 11 级，从 0 级到 10 级，危险程度逐级增加。也就是说，在这一标准中，10 是最危险的级别。

截至目前，人们还没有观测到超过都灵 1 级的小行星，也就是说科学家还没有发现任何在相当长的一段时间内会对地球造成重大威胁的天体。但由于还有一半的近地大天体没有被发现，所以经常会有不速之客吓人们一跳。

可以用航天器"引开"小行星吗

目前，还没有人确切地知道如何"推开"逼近地球的小行星。从理论上说，解决此问题的方法包括在小行星表面引爆炸弹，或者利用其他物体的引力将其"拉离"预定轨道。

在好莱坞电影《世界末日》中，布鲁斯·威利斯将一枚核弹植入来袭小行星内部后将其炸碎，从而挽救了地球。可是在现实中，科学家并不能使用核弹头摧毁来袭小行星，因为这样做不仅不能拯救地球，反而会给人类带来更大的灾难。这种爆炸有可能将小行星炸成无数碎片，如果这些碎片飞行的方向仍然是朝着地球，那么浩劫依旧无可避免。

一些科学家表示，更佳的解决方法可能是向小行星的预定轨道发射一颗巨大的卫星，届时这颗卫星的引力会影响小行星的飞行方向。还有科学家认为，发射宇宙飞船碰撞小行星也不失为有效方法。据专家介绍，宇宙飞船之所以能"以小引大"是因为小行星的运行速度和轨道哪怕有一点微不足道的改变，日积月累，也能渐渐错开地球轨道，这个道理与"铁杵磨成针"有点相似。

击毁那些"不怀好意"的天外来客

此外，科学家还提出了种种对付突发事变的办法。例如，一旦发现有小行星撞向地球，就利用人型计算机测定它的准确轨道；然后，立即向该小行星发射一艘携带氢弹、原子弹的飞船；再由地面发出遥控传导，将其在空中炸毁，即使炸毁不了，让它偏离原来的轨道，迫使它与地球擦肩而过也可以。或者，可以利用最先进的激光武器、微波束武器和粒子武器，对准那些正朝地球扑来的小行星，在其还未进入地球大气层时就将它彻底击毁。美国国家航空航天局还准备在月球上安装大型激光炮，以击毁那些"不怀好意"的天外来客。

如果说过去人类尚无能力对付小行星的话，那么，今天的人类已经有足够的能力与小行星进行一番对抗。

拯救地球——2036 年击败阿波菲斯

2006 年前后，科学家曾经预测：2036 年 4 月 13 日，阿波菲斯将有可能正面撞击地球。如果那样的话，地球上将有约 3/4 物种灭绝，这一纪人类文明时代结束。

阿波菲斯以约 15 千米/秒的速度直冲地球而来，高速摩擦产生的巨大热量使得空气温度急剧上升。如果有人正好在撞击区域的 100 万平方千米以内，在撞击之前他就能看到，天空将变得耀眼无比，太阳似的东西从天而降，最后这一区域中心的所有生物都被压扁，与尘埃一起消失在炙热的空气之中。

阿波菲斯如果击中太平洋，将会掀起几百米高的巨浪，引发巨大的"星击海啸"。

阿波菲斯撞击的冲击波导致烟尘将阳光完全遮蔽。没有阳光，即使最强悍的植物也只能支撑 4 周；食草性的动物因饥饿而死；肉食动物失去了食物来源，会在绝望和相互残杀中慢慢消亡……

根据 2014 年的最新观测结果，科学家们认为这一威胁业已解除。

地球每天都要受到数十亿个小物体的撞击，它们大多都是小行星和彗星的碎片，很多碎片还没有针头大。但每过 1 亿年总会出现一个大得足以毁灭所有生物的入侵者。这些撞击决定了我们的过去，更影响我们的未来。

"人类曾在历史上遭遇数次大的浩劫，但是人类的文明依然在延续。地球的撞击威胁是不可避免的。"行星专家说，"1000 年内谈人类移民其他行星都不现实，与其选择逃避，不如想想怎么积极应对。"

对于这类可能要到来的浩劫，人类准备了以下这些应急措施和预案。

1. 安放天体跟踪器

据美国国家航空航天局（NASA）公布，2013 年是观察"阿波菲斯"空间运行轨迹的最佳时机。届时，如果观察结果证实了这块太空巨石撞击地球的可能性，搭载着无线电跟踪器的宇宙飞船将在 10 年内启程飞往"约会"地点，安放天体跟踪器，对其进行严密监视。

2. 引力拖车

提出这个方案的 NASA 科学家爱德华·卢和他的小组认为：事实上太空飞行器不一定非要在小行星上着陆不可。人类只需要将一个重质量的人造天体放在小行星附近，并经过足够长的时间就能通过引力有效地改变它的轨道。

如果是一颗直径为 200 米的小行星，用一个重量为 20 吨的太空拖车停在距离小行星 50 米的地方，经过一年的时间就足以将其踢离轨道。

根据计算，如果能提前约 20 年发现具威胁性的小行星，NASA 完全可以发射宇宙飞船，平均一年就可以使小行星偏离轨道 200 米。

3. 发射太空飞行器撞击小行星

欧洲空间局"先进观念小组"设计出了太空飞行器撞击小行星，使其偏离地球轨道的方法。简单来说，就是派遣一艘宇宙飞船猛烈碰撞小行星，从而改变它的方向。欧洲空间局计划在下个十年发起"堂吉诃德"计划，派两艘宇宙飞船前往测试小行星。其中一艘名叫"西达尔戈"，它将和这颗小行星高速相撞，而另外一艘名叫"桑科"的宇宙飞船则将在小行星附近测量其轨道改变情况。

4. 激光拦截系统

美国亚拉巴马大学的科学家称，他们目前正在研发一套新的激光系统，如果获得成功将可以成功阻止天外小行星撞击地球。该研究项目负责人理查德·弗克博士说，强激光系统具有速度快、精度高、拦截距离远以及不受外界电磁波干扰等优点。强激光束从发射到击中来袭小行星所用的时间极短，延时问题完全可以忽略不计，也没有弯曲的弹道，因此根本不需要预设提前量，这些特点对于拦截小行星具有重要意义。

5．用机械力改变轨道

NASA 科学家还提出一套用机械力改变小行星轨道的方法。就是将人造天体发射到太空后，调整到和小天体（或称小行星）平行的位置，并使两者的相对速度为零，然后用机械推它一下，小行星就会改变轨道。

另外一个异曲同工的方案就是在小行星星体表面上安装一台大型火箭发动机。发动机将被一个常规火箭发送到小行星上，然后，将固定在小行星上的发动机启动，把小行星推离它原来的运行轨道，从而使它错过与地球相撞的机会。

还有一个选择就是把一面"太阳帆"附着在小行星上。技术人员利用常规火箭把太阳帆发送到小行星上，并把它植根于小行星星体的表面。这面帆一旦附着在小行星表面上，就能够吸收太阳放射出的光子，从而像风吹动船帆一样，把小行星推离开原来的轨道。

6．毁誉参半的核弹攻击计划

核弹攻击一直是毁誉参半的疯狂计划，NASA 科学家也不断改进使其更安全。美国国家航空航天局马歇尔空间飞行中心设计了一艘最新的核弹飞船，一旦有威胁地球的近地天体出现，这艘飞船将由"战神"5 号运载火箭发射升空。

届时，这艘长达 8.9 米的"摇篮"似的核弹飞船将携带 6 枚

1500 千克像导弹一样的拦截器，每个拦截器都会携带一个核弹头，这些核弹头将会在类似"阿波菲斯"这样的天体上引爆，以阻止小行星撞击地球造成威胁。

NASA 表示，在发射核弹飞船前，会预先发射一个重约 1500 千克的太空观测飞船接近阿波菲斯，以观察其内部组成。

俄罗斯行星防护中心主任阿纳托利·扎伊采夫表示，为了能够确保摧毁小行星或是改变其轨道，需要同时运用两部拦截器。据专家们计算，拦截直径不超过 100 米的小行星，需要一颗数万吨级的核弹；而拦截直径接近 1 千米的小行星，则需要百万吨级的核弹。

番外：科学家呼吁联合国统筹应对危机

仰望无限苍穹，我们的星球显得何等渺小。苏联航天员谢瓦斯季诺夫曾经这样讲过："从太空俯视我们这个小而脆弱的行星时，就会特别清楚地意识到它是多么没有防御能力和多么容易受到打击。"

目前，各国的航天机构都已经开始重视小行星问题了。

1993 年 4 月，在意大利的埃里斯召开了保卫地球的专题国际会议。会上不仅讨论了地球目前的处境及准备采取的措施，还发表通过了《埃里斯宣言》。会议要求，应将国际上现有的天文设备发展成互联的"空间警戒网"，用来共同检测和防范外来"侵略者"对地球的攻击。会议还提出国际应加强相互合作，并及时交换各国掌握的有关小行星威胁地球的情报和数据资料。

《埃里斯宣言》的第二条明确指出，从很长远的视角来看，地球有可能发生一次足以毁灭人类文明的近地小天体碰撞。这种威胁近期虽还不会发生，但是一旦发生，影响绝不亚于其他自然灾害。这种威胁是现实的，国际社会需要进一步地协调努力，以唤起公众的注意。

1996 年，美国国家航空航天局的"尼尔"号（也叫"接近"号）小行星探测器成功地环绕并降落在小行星"厄洛斯"上。"尼尔"号的使命是探明该小行星的体积、构成成分、重力及磁场情况，科学家希望借此对小行星有更多的了解。目前欧洲空间局正在计划实行一个撞击小行星的试验：发射航天器撞击一个直径为 457 米的小行星，与此同时派出另一个宇宙飞船近距离监测撞击结果。

在旧金山会议上，美国国家航空航天局喷气推进实验室的史蒂文·切斯利介绍了目前正在进行和筹划的近地小天体搜寻项目。根据该实验室的最新统计，目前有 127 个近地小天体有在 100 年内撞上地球的可能性。切斯利说，目前可能有 2 万个对地球有潜在威胁（直径大于 140 米）的小天体尚未被发现。小天体发现得越多，就能够发出更多警告。

自 2001 年以后，尽管全球的目光都集中在反恐上，但理论上小行星撞地球的威胁无时无刻不紧紧地攫住科学家们的心神。对此，英国皇家天文学会邀请专家们召开了一个国际性的反小行星撞地球威胁的会议。此后，全世界的天文学家们联合署名，请求澳大利亚政府出钱，资助科学家们制造一个特殊的小行星探测望远镜。接着，美国国家航空航天局宣布，将在华盛顿成立一个特殊的研究实验室，专门研究如何利用科学方法解除近地彗星或小行星撞击地球的威胁。该实验室拥有世界上最先进的天文设备和最优秀的天文学家，它的运行为人类免除小行星的撞击灾害增添了新的砝码。

2007 年 3 月，美国华盛顿还举办了一场"行星保卫大会"，全球数百名科学家聚在一起，探讨、防止小行星撞地球的具体方案。科学家们表示，联合国应该积极应对这场可能到来的浩劫。

太阳的"脾气"着实不太好，动不动就"大发雷霆"，掀起一阵阵太阳风，弄得地球跟着"担惊受怕"，一会儿通信信号中断，一会儿卫星失灵、飞船轨道下降，众生灵战战兢兢。人们开始担心太阳会给人类带来巨大的伤痛。

没有太阳，地球将被冷冻起来

对于生活在太阳底下的人类来说，当我们的思绪偶然从琐碎的日常生活转向广袤的太空和炽热的太阳时，是不是会有一种特别的感受袭上心头？

试想有一天，跟我们朝夕相伴的太阳竟成为给我们带来灾难的瘟神，那是怎样一种心情？

太阳"一发火"，地球"很受伤"

如果以能量计算，任何一次太阳风都像是挣脱地狱的魔鬼。它从炽热的太阳身上逃逸出来，挟带着数量惊人的 X 射线、等离子电荷和巨大磁场，穿越上亿千米的空间路程，向着人类居住的地球扑来。

　　幸运的是，它们大多数都消失在漫无目的的旅程中，只有很少一部分能到达地球；而到达地球中的一部分，又被厚厚的大气层挡在地球之外，能够穿透大气层并对人类产生影响的就只是极少数。

太阳风威力巨大

　　但即便是这样的极少数也造成了像 1989 年的魁北克大面积停电事件这样的重大事故，给人类以灾难性的影响。这些射线和带电粒子无情地轰击地球，就像来自洪荒远古的猛兽恣意践踏弱小的动物。

　　有关记录表明，这些不速

最美的太阳风

之客其实早就在人类历史上留下不少"劣迹"，只不过最近才更多地引起人们注意罢了。

　　《汉书·地理志》记载着"古有日夜出见于东莱，故莱子立此城，以不夜为名"。以后，关于"夜太阳"的描述，更是散见于正史典籍、野史笔记中，《晋书》《建康志》《海盐县志》都有记载。在国外，半夜出现太阳的记载可以追溯到公元前 2 世纪。根据史料记载，公元前 163 年，意大利出现过"夜太阳"。

　　如今很多天文学家认为，夜里出现的太阳是一种冕状极光。太阳表面不断向外发出高速带电粒子流，这些带电粒子由于受地球磁场的作用，大多集中在地球南北两极大气层的高层，使大气中粒子电离发光，形成极光。如果太阳活动强烈，极光有可能向中低纬度区延伸，中国也可能看到。

1. 太阳风——挣脱地狱的魔鬼

科学研究和有力的事实证明，太阳风的强大辐射不仅威胁到暴露在太空中的航天员（太阳活动使航天员遭受的辐射剂量相当于进行几百次 X 射线胸部透视）和卫星，甚至能穿透地球的大气层，扰乱地球磁场，进而影响人类的生活。

根据科学家的观测，这种情况往往发生在太阳活动最活跃的时间段。当太阳活动进入活跃期，就会使手机等无线电通信、飞机和船只的导航及电力供应受到严重的干扰，甚至发生中断，人的大脑也将受到各种辐射的损伤。在臭氧层减少的地区，这种影响的表现尤为明显。

太阳风的形成

科学家形象地把太阳风比喻为太阳"打喷嚏"。

太阳风，是指太阳在黑子活动高峰阶段产生的剧烈爆发活动。太阳风爆发时释放大量带电粒子所形成的高速粒子流，严重影响地球的空间环境，破坏臭氧层，干扰无线通信，对人体健康有一定的危害。

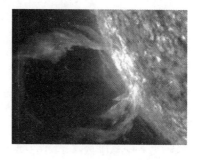

太阳风冲击地球

太阳风中气团的主要组成是带电等离子体，它们以几百千米/秒的速度闯入太空。太阳风随太阳黑子活动周期每 11 年发生一次，是一种太阳自身的周期性变化。每个周期内都会有峰年，这时太阳表面会产生大耀斑和巨大的黑子群，而黑子群释放的气体和带电粒子与地球磁场发生撞击后，会产生地磁冲击波，而后引发地球磁暴，这就是太阳风的形成过程。

太阳上不同区域的磁场互相影响，到达一个"极限点"之后如果遇上电流，就会在瞬间生成新的磁场，使太阳大气中大量带电粒子向外喷发。

三种太阳现象

除太阳风之外，还有三种太阳现象：冕洞、太阳耀斑（亦称色球爆发）和日冕喷射。它们对太空气象的影响至关重要，对人类的生存也构成严重的威胁。

冕洞：是日冕表面温度较低的部分，在 X 射线或紫外线下会比周围的地带要暗一些，就像是一个个的黑洞。随着太阳自转而旋转的冕洞如同草地上浇水的水龙头，把太阳内部爆发产生的原子流抛向太空，而其中的一部分原子流会撞击地球的磁场，使得平时被地磁场紧紧束缚的带电粒子四散逃逸，从而引起地球地磁扰乱现象。

太阳耀斑：是色球层中的能量爆发，它挟带着强大的 X 射线、紫外线和带电粒子轰击着整个太空。在太阳最活跃的时间段里，它的威力比相对平静的时期强大很多倍。首先到达地球的是 X 射线和紫外线，它们轰击地球上层大气，产生电离现象，低能电子会包围着太空中的宇宙飞船和人造卫星，而静电放射很可能损害精密电子仪器。射线袭击 20 分钟后，高能质子和强力原子接踵而至，它们的能量比平常的太阳风要强大几百万倍。"当它的威力发挥到极致的瞬间，任何飞行在空中的物体都处于极度危险中——连超人也不例外。"美国国家海洋与大气局太空环境中心副局长说。

在这三种太阳现象中，日冕喷射是最为狂暴的太空气象。通过设置在探测卫星上的广角光谱日冕观测仪，我们看到日冕喷射就像是太阳的嘴里吹出的明亮气泡，谁能想到它的威力是那样令人颤抖呢？其中包含着几百万吨的太阳物质和一部分太阳磁场，狂野地冲向太空。日冕逃出太阳的羁绊几天后便会粗野地闯入地球。"所有的地狱出口都将大开"，一位研究者不无夸张地形容它们到来后的灾难。

巨大的冲击可能强烈地扭曲磁场，产生被称为"杀手"的电子湍流。它们的穿透力不但能钻入卫星内部造成永久性破坏，甚至可以切断电压调整器和电路传送，造成地面电力系统的全面崩溃，1989 年的魁北克事件已经给了我们一个活生生的例证。

根据一些科学家的调查，太阳活动对人类的影响范围不单有上面提到的无线通信、电力系统等，更涉及地球的气候、疾病的传播等重大问题。

影响

第一，会使电磁场发生变化，引起地磁暴、电离层暴，并影响通信，特别是短波通信。

第二，对地面的电力网、管道发送强大元电荷，影响输电、输油、输气管线系统的安全。

第三，对运行的卫星产生影响，也会对民航飞机的飞行安全造成很大影响。

第四，对气候产生影响。厄尔尼诺、拉尼娜等给地球造成灾害的气象现象，也与太阳风暴的周期性活动有密切关系。

灾难事件回放

1989 年 3 月 13 日14 日，太阳风暴造成加拿大魁北克地区电网停电；全球无线电通信受到干扰；日本一颗通信卫星异常；美国一颗卫星轨道下降。

1991 年 4 月 29 日，强磁暴发生后，美国缅因州核电厂遭到灾难性破坏。

1994 年 1 月 20 日21 日，两个加拿大通信卫星发生故障。

1997 年 1 月 6 日11 日，日冕物质抛射使美国 AT&T 公司（美国电话电报公司）通信卫星报废。

1998 年 5 月 19 日，美国"银河" 4 号通信卫星失效，同时德国一颗科学卫星报废。

2000 年 7 月 14 日，欧美的 GOES（地球静止轨道环境业务卫星）、ACE（地磁预报卫星）、SOHO（太阳和日球层探测器）、WIND（太阳风卫星）等重要科学研究卫星受到严重损害，日本的 ASCA（宇宙学和天体物理学高新卫星）卫星失控，AKEBONO（"黎明"试验型 X 射线观测卫星）卫星的计算机遭到破坏。

2003 年 10 月 28 日，欧美的 GOES、ACE、SOHO、WIND 等重要科学研究卫星受到不同程度损害，日本"回声"卫星失控。

2. 太阳风对人类的健康到底有没有影响

关于太阳风给地球带来的影响，科学家一致认为，其强烈的气流可能造成卫星通信中断，地面电信停滞，还会给石油和电力输送系统带来巨大威胁。但是，太阳风对人类的健康到底有没有影响，在多大程度上会造成影响，似乎一直没有定论。

"防护装甲"和"保护伞"

如果我们身处太空，又毫无防护措施，当太阳风爆发时，从太阳上喷发出的大量射线和高能粒子对人类健康的影响也许是致命的。

所幸的是，面对太阳风，我们有一层厚厚的"防护装甲"——地球大气层，还有一把功能不错的"保护伞"——地球磁场。它们的存在，使在太空中一路"横行霸道"的太阳风，在到达地球时成了"强弩之末"。

太阳"打喷嚏"时，虽然会向地球喷发各种射线和高能粒子，而且其中有许多是对人体有伤害的高能辐射，如紫外线、极紫外线、X射线、γ射线、各种带电高能粒子等，但是，当太阳风穿越厚厚的地球大气层时，其中的极紫外线、X射线几乎完全被大气吸收，绝大多数的紫外线也被大气层中的臭氧层吸收，只有极少数近紫外线会到达地面，对人体只会造成轻微的伤害。

可见，地球磁场这一"保护伞"，对太阳风吹来的带电高能粒子有着很好的屏蔽作用。当这些带电高能粒子进入地球磁场后，由于本身带电，会被地球磁场"发配"到荒无人烟的南极和北极，并在极地生成极光。即便有少数粒子自恃能量很高，拒绝"发配"，闯过这道保护伞，落到地球表面，也只会是"零星小雨"，对人的健康构不成威胁。

看不见的"健康威胁者"

在某信鸽协会组织的一次信鸽比赛上，有50多只参赛的信鸽迷失了方向，没有如期飞到目的地。然而，这些信鸽并非"菜鸟"，它们训练有素，大都有着长途飞行的经验。

究竟是什么原因造成了经验丰富的信鸽迷路呢？专家分析，是太阳风制造了这次信鸽迷路事件。太阳风的侵扰，导致地球发生地磁暴，而地磁暴的出现，使信鸽所依赖的地球磁场的"导航系统"出了毛病，最终导致信鸽迷路。

鸽子既然会因地球磁场变化而迷路，那么人类的健康会不会也因此而受到影响呢？

有关人士对此不抱乐观态度。一种说法认为，太阳风导致的地球磁场变化，可能会使人体免疫力下降，引起一些心血管病人的不适甚至诱发癌症。曾有科学家专门对此做过统计分析，研究结果表明，太阳黑子的数量与人的癌症和心血管发病率有一定相关性。但对于这一结果，有一部分更加严谨的科学家认为，太阳黑子是否与人的某些疾病存在相关性，还有待用更为科学的统计方法提供更为有力的证据。

不过，即使我们有"防护装甲"——地球大气层和"保护伞"——地球磁场的呵护，但从致病机理上分析，一些医学界人士认为，太阳风给地球带来的紫外线辐射，仍将会使人的皮肤受到伤害。尤其在一些本来就日照充足的地区，紫外线辐射增加会杀伤表皮细胞，引起色素沉着，诱发与光敏感有关的皮肤病，使人们患上日光性皮炎，甚至可能加重红斑狼疮患者的病情。

因此，专家提醒皮肤病患者在太阳风期间，应该采取防晒措施，避免这些看不见的健康威胁。

不利于诞生天才

不少科学家提出，受太阳风的影响，大气层内对人类身体起保护作用的物质可能会沿地球磁力线扩散到两极，造成紫外线辐射增强，对人体皮肤带来伤害。

还有科学家认为，太阳风不仅会使人体免疫力下降，使患心血管系统疾病的病人病情加重，还可能影响胎儿生长和孩子的智商。这就让人感到费解了：人的聪慧与否难道真的是天赐？

为了研究这一奇特现象，科学家曾统计了公元 1600 年以来诞生的杰出的政治家、军事家、科学家和艺术家等社会杰出人士。发现在此期间，共有 18 个诞生高智商天才人物的高峰期，而这些时期都处于太阳活动相对平稳的年份。也就是说，太阳的"安静"可能是造就他们非凡才华的重要原因之一。例如，1825年前后，是太阳活动相对平稳的时期，在这一时期诞生了达尔文、屠格涅夫、陀思妥耶夫斯基等著名科学家和大文豪。

对于这一现象，科学家表示，这是因为胎儿在母体中生长发育的过程，需要有平稳的生化与电磁韵律的生存环境，而太阳风活动剧烈、耀斑发生频繁的时期，地磁场波动异常，气候也会十分地反常，这就会使人体的生物节律受到干扰，胎儿的生长发育也就可能受到不良影响。

情绪作用者

太阳活动可能对人类的情绪和疾病有推波助澜的作用。

一些研究表明，动植物的繁殖、发育和生长过程受太阳活动的调节。一些研究者指出，新生儿的死亡率和妇女的疾病发生率与太阳黑子活动强弱呈正相关关系。而一些传染病（如猩红热、白喉症、痢疾、流感等）、心血管疾病、眼病等的发病率也都与太阳活动的强弱呈正相关关系。

但是，应该注意的是，这些影响不是太阳辐射的电磁波和粒子直接打到地面上引起的。一些科学家认为，起因于太阳风的地磁活动对人体内分泌水平具有显著的影响，所以人体的神经系统对地磁扰动非常敏感。当地磁活动强烈时，人类自主神经系统交感神经的紧张程度便会提高，因而人类的攻击性行为加剧，交通事故增多，人的判断错误率上升。还有一些科学家和医学家认为人体有生物电，脑电图、心电图等的测试仪器就是据此而设计的。无数细胞生物电汇集，形成人体的电磁场。在通常情况下，人体电磁场和地球电磁场处于相互融洽状态。当地球磁场被强烈扰动时，会打破人体电磁场和地球电磁场的平衡，使人体的某些功能发生紊乱，影响人的情绪或诱发疾病。

然而，我们不要产生误解，更不必惊慌失措。人类的疾病不是完全由太阳活动诱发的，它只是多种触发因素中的一种次要因素。

太阳活动不会给在地面活动的人类带来像地震那样可怕的灾难，更何况能导致强烈地磁暴的太阳活动爆发是罕见事件。

"复仇女神"是一种令人满意的解释

有科学家声称，在太阳系边缘，还存在着一颗以前从未被科学家们所知的太阳伴星或行星。这颗太阳伴星或行星被科学家们称为"复仇女神"——这是一个骇人的名字。

为此，科学家们还大胆地提出了"复仇女神"理论。这一理论认为，这颗潜伏在太阳系黑暗地带深处的太阳伴星，可能正是给地球带来物种灭绝，包括恐龙灭绝事件的罪魁祸首！

这一假设刚一提出立即引发了科学界的巨大争论。如果太阳真有这么一颗伴星，它在哪里，为什么至今没有找到？

1. 如果太阳有一颗伴星，它在哪里

几十年前，天文学家就提出了这个问题，并对此进行了认真的考察和计算，得到的结论是：太阳是一个独身者。

由于没有找到新的材料，这个结论维持了若干年。但是，天文学上的理论总会受到当时观测水平的限制，所以，有许多结论

并不是一成不变的。后来，有两件事使得天文学家又重新关注起这个问题。

第一件事是，1969年2月8日，在墨西哥的阿伦德地方下了一场陨石雨。地球上出现陨石雨是常事，但是，阿伦德陨石却与众不同。原来，科学家在分析阿伦德陨石的化学成分时，发现其中含有钙、钡和钕三种元素。它们都是比较复杂的元素。按照流行的太阳系起源理论，它们是很难形成的。这就引起了天文学家的极大关注：它们从何而来？

于是，有人提出了如下的推测。在太阳系处于形成的初期，还是一片弥漫的气体和尘埃——太阳星云，在太阳星云的附近，有一颗恒星正发生大爆炸，抛出了大量的物质，其中就包含了钡、钙和钕三种元素。这些物质的一部分被抛进了太阳星云，以后就一直留在太阳系的范围内。那颗爆炸后的恒星，以后就变成体积很小而密度很大的中子星或者黑洞，成了今天难以找到的太阳伴星。

另一件事则是，在最近的初步测定中，科学家发现了太阳在某个方向具有加速度。这种加速度当然是由力引起的。这力来自何方？银河系整体产生不了这么大的力（因为距离太大），于是就只能假设太阳有一颗伴星，这力正是来自伴星。

天文学家曾有过太阳具有伴星的想法是很自然的事。当人们发现天王星和海王星的运行轨道与理论计算值不符合时，曾设想在外层空间可能有另一个天体的引力在干扰天王星和海王星的运动。这个天体可能是一颗未知的大行星，也可能是太阳系的另一颗恒星——太阳伴星。

1984年，美国物理学家穆勒和他的同事共同提出了太阳存在着一颗伴星的假说。与此同时，另外的两位天体物理学者维特密利和杰克逊，也分别提出了几乎完全相同的假说。

　　穆勒在和他的同事们讨论生物周期性绝灭的问题时说："银河系中一半以上的恒星都属于双星系统。如果太阳也属于双星，那么我们就可以很容易解决这个问题了。我们可以说，由于太阳伴星的轨道周期性地和小行星带相交，引起流星雨袭击地球。"

　　他的同事哈特灵机一动，说："为什么太阳不能是双星呢？同时，假设太阳的伴星轨道与彗星云相交岂不是更合理一些？"

　　于是，他们在当天就写出了论文的草稿。他们用希腊神话中"复仇女神"的名字，把这颗推想出来的太阳伴星称为"复仇星"。

　　太阳究竟有没有伴星，目前还无法断言。这是一个很具有吸引力的谜，需要从太阳的神秘身世说起。

神秘身世：太阳系的起源

　　从太阳伴星这个问题上，我们还可以想到：在太阳系中，几颗大行星围绕在太阳身边，就像亲密的一家人。太阳和这些行星之间有没有"血缘关系"，这些大行星是太阳的"亲生子女"还是被太阳"收养"的？

　　几个世纪以来，许多卓越的思想家也在探讨这个问题，并提出了种种假说，其中较为盛行的，主要有以下几种观点。

　　灾变学说：这个学说的首创者是法国的布封，20世纪前50年，又有一些科学家相继提出太阳系源于灾变。这个学说推断太阳是先形成的。在一个偶然的机会中，一颗恒星（或彗星）从太阳周围经过（或撞到太阳上），把太阳上物质吸引出（或撞出）一部分，后来这部分物质就形成了行星。这个观点认为行星物质和太阳物质具有相同的来源。它们有"血缘"关系，或者说太阳和行星是母子关系。

　　星云说：这种观点的首创者是德国伟大哲学家康德。几十年以后，法国杰出的数学家拉普拉斯再次提出了这一观点。他们一致认为，整个太阳系的物质是由同一个原始星云形成的，星云的中心部分产生了太阳，外围部分产生了行星。然而康德和拉普拉斯也有分歧之处，康德认为太阳系是由冷的尘埃星云进化演变而成的，先形成太阳，后形成行星。拉普拉斯则持相反意见，他认为原始星云是气态的，且温度较高，因其迅速旋转，先分离成圆环，圆环凝聚后形成行星，太阳的形成要比行星晚些。虽然这两种理论之间有明显的差别，但是它们的大前提是一致的，因此人们把它们的观点合二为一，命名为"康德－拉普拉斯假说"。

俘获学说：这个学说认为太阳在星际空间运动中，遇到了一团星际物质。太阳通过自己的引力把这团星际物质俘虏了。于是，这些物质在太阳引力作用下加速运动，如同在雪地里滚雪球一样，逐步变大，最后形成了行星。在这个学说中，也是太阳先形成，但是行星与太阳没有"血缘"关系。

尽管以上假说都有充分的观测、计算和理论根据，却都有致命的不足，所以直到今天也没有一种被普遍认可。

未知行星："躲进"黑暗地带

自从太阳伴星"复仇女神"的假说公诸报端，科学家们便展开了认真热烈的讨论。

人们根据开普勒定律推算，若"复仇女神"轨道周期为 2600 万年，那么轨道的半长轴应该是地球轨道半长轴的 88000 倍，约 1.4 光年，即太阳伴星距太阳比任何已知恒星都要近得多。

1985 年，美国学者德尔斯莫在假设"复仇女神"确实存在的前提下，用一种新方法算出了这颗星的轨道。他首先对脱离奥尔特星云的那些彗星进行统计、调查，对这样的彗星及其运动作了统计研究，并断言自己的统计可靠性达 95%。他确定，大多数这类彗星都做反方向运动，即几乎与太阳系所有行星运动的方向相反。他根据这些彗星的冲力方向算出，在不到 2000 万年以前，奥尔特星云从某一其他天体接收到一种引力冲量。德尔斯莫认为，这是由一个以 0.2 千米/秒或 0.3 千米/秒速度缓慢运行的天体引起的。

美国路易斯安那大学的天文学家约翰·马特斯、帕特里克·威特曼和丹尼尔·威特米尔研究彗星轨道已经 20 多年了。他们在研究了 82 颗来自遥远的奥尔特星云的彗星轨道之后发现，这些彗星的运行似乎都受到一个位于太阳系边缘、冥王星之外的巨型天体引力的影响，使它们的轨道都沿着一条带状分布排列，同时它们到达近日点的时间也会发生周期性变化。

那么，到底是什么影响了彗星的轨道呢？

路易斯安那大学的科学家们提出了一个惊人的假设：在我们太阳系边缘的黑暗地带，存在着一颗以前从未被世人所知的太阳伴星——褐矮星。也就是说在我们的太阳系内有两颗恒星：一颗是太阳，另一颗就是这颗至今仍未被现有太空望远镜探测到的褐矮星——它跟太阳互相绕着彼此旋转。

这一假设立即引发了科学界的巨大争论。路易斯安那大学的天文学家丹尼尔·威特米尔教授认为，这个惊人的假设完全是在统计学的基础上得出的，而统计学是许多科学发现的基础之一。威特米尔教授在接受媒体采访时表示："我们认为这是一颗褐矮星，但也可能是一颗质量是木星 6 倍左右的未知行星。我们之所以得出这样的结论，是因为没有任何其他理论可以解释彗星轨道的奇怪变化。"威特米尔说，如果它是一颗褐矮星的话，那么尺寸较小的它将无法像太阳那样进行核反应，它的表面就会相对较冷。同时，由于处在远离太阳的黑暗地带，它根本无法受到多少太阳光的照射，因而几乎不会有任何光线反射，所以在冥王星被发现后的漫长岁月里，天文学家至今没观测到它的存在也是很有可能、很正常的事。

2. "复仇女神"定时灭绝地球吗

路易斯安那大学的科学家们还将包括恐龙灭绝在内的地球物种灭绝都归咎于是这颗神秘伴星在"作祟"。科学家认为，这颗褐矮星的运行速度十分缓慢，它的运行轨道每隔 3000 万年就会定时冲入彗星密集的奥尔特星云中，而巨大的引力会将奥尔特星云中的一些彗星"引诱"出来，并将它们送往近日轨道，甚至与地球擦肩而过。其中一些彗星则会撞到地球上，造成地球上大规模的物种灭绝。

根据这一理论，路易斯安那大学的科学家认为，地球上的物种大约每隔 3000 万年就会灭绝一次。这个灭绝周期之所以像时钟一样精确，正是因为这颗"复仇女神"每隔 3000 万年就会进入奥尔特星云，利用它巨大的引力使成批的彗星偏离轨道冲向地球，给地球以致命的打击，而它自己也成为地球生物的"灭顶灾星"。

追捕"复仇女神"

慑于"复仇女神"对人类的灭顶之患，美国国家航空航天局在佛罗里达州的卡纳维拉尔角向太空发射了一部新一代的红外线太空望远镜。

如果"复仇女神"真的存在的话，那么这部太空望远镜将可以捕捉到它的身影。据报道，这部红外线望远镜造价逾 12 亿美元，具有比以往天文望远镜更强大的功能，可以观测到宇宙中充满尘埃的黑暗角落以及现有天文望远镜根本无法察觉到的黑暗星体。美国国家航空航天局天文与物理学部门负责人金尼博士在接受采访时说："有了这部望远镜，我们不仅可以看到数十亿年前的宇宙，有助于正确了解最早星体的形成和结构，同时，它的红外线探测器还将深入一些宇宙最黑暗的角落，包括太阳系的边缘，使我们看到一些以前根本无法看到的黑暗天体。"如此说来，"复仇女神"如果真的存在，将逃不出红外线望远镜的"火眼金睛"。

X 行星和复仇女神

其实，科学家们早在近百年前就发起过类似的行星搜寻行动，而且当时的研究工作对今天还颇有影响。

天文学界发现，在海王星以外的区域中充满了结冰的物体，数量可能有数十亿之多，它们都分布在一条名叫"丘普尔"的宽广彗星带上。研究人员还发现了另外一个星体，并称之为"伐罗那"，其大小几乎有冥王星的一半。

有了这些发现，更远处更巨大的行星为什么就不可能被发现呢？

这样一个难解的问题不仅吸引了物理学家穆勒的注意力，还使得路易斯安那大学的两位天体物理学家丹尼尔·威特米尔和约翰·马特斯走上了搜寻太空之路。他们也相信在奥尔特星云中有一个巨大的天体在缓缓运行，该天体还不时会将一颗彗星撞向太阳的方向。他们两人于1999年10月将对 X 行星的探索发现发表出来，也就在同一个月，穆勒也公布了他最初的研究数据。

实际上，他们从20世纪80年代中期就开始追寻这头行星"怪兽"的踪迹了。当时威特米尔就提出，太阳存在一个可能令整个世界毁灭的巨大的伙伴星球，这个观点引起天文学界一片哗然。这黯淡无光的第二个太阳的存在，也被美国普林斯顿大学和加州大学伯克利分校的另一组研究人员预测到了，他们并将其取名为"复仇女神"。

威特米尔认为，"复仇女神"能够解释为什么每相隔 3000 万年，就会有一阵彗星雨袭击地球，造成物种的大面积灭绝。威特米尔和其他研究人员提出的观点是："复仇女神"在其 3000 万年的轨道周期中，定期穿过奥尔特星云，在此过程中令致命的彗星向地球的方向撞来。

这个惊人的理论成了无数报纸的头版头条。威特米尔继而又与他的同事马特斯拓展了一条相关的理论，那就是这些致命彗星的作恶，都要归咎于一颗可恶的行星，而不是一颗恒星。但如此一来，物种定期遭到灭绝的关键证据就被动摇了，所以复仇女神之论很快便不再风行了。

"由于在日期上有非常的不确定性，人们已经对 3000 万年的周期之说变得有些怀疑了。如果这个周期不是真的话，你就拿不出你需要的任何东西来解释了。"威特米尔说。但是到这个时候，他和马特斯已经被 X 行星这个虫子咬了一口了。

相比之下，威特米尔和马特斯并不计划以 X 行星为目标展开搜寻，因为需要察看的地方太多了。尽管如此，他们还是在尽最大努力以求精确定出它的位置。

一台处在轨道中、具有探察整个天空的能力的红外探测望远镜，将会是找到巨大遥远行星的一个最好的赌注。"我们现在还不具有这样的设备，或者还没有开始考虑投资购置它，但是最终会有人站出来的。如果那个天体就在那里，如果我走运的话，它就会在我的有生之年被发现。"威特米尔说。

没有太阳，地球怎么办

太阳是永恒不灭的吗？不。万物都有固定的生命周期，太阳也不例外。太阳对于地球生物而言至关重要，没有太阳，地球将被冷冻起来。目前太阳处于中年阶段，已有46亿年历史，现已消耗近半的燃料，最终它将膨胀形成一颗红巨星，那时的地球将被灼热的温度烘烤得表面焦灼。在这一过程中，地球气温逐年上升，温室效应日益显著，地球上的海洋开始沸腾……

1. 太阳的能量从哪里来

在太阳系中，太阳是八大行星（水星、金星、地球、火星、木星、土星、天王星、海王星）旋转的核心。太阳的形成过程与太阳系八大行星一样。八大行星最初各自拥有的旋涡，是从冷缩和膨胀推动力形成的旋涡演变生成粒子旋涡，从粒子旋涡演变成原子旋涡，从原子旋涡变成分子旋涡，又从分子旋涡变成尘埃云和团块旋涡，最后在万有引力的作用下凝缩成行星。

太阳的形成是太阳系中心旋涡把太阳系旋臂中的物质凝聚于中心而形成的。太阳最初拥有一个很庞大的旋涡，这个旋涡初形成时期，太阳系大旋臂上已经同时生成很多小旋涡，这些小旋涡是形成太阳系行星的基础。凝聚形成太阳的大部分物质都是密度较大的。在旋臂上的小旋涡中心引力的影响下，太阳中心旋涡不能把所有的物质都吸引过去，而是选择密度大、质量大的物质聚集到旋涡中心。随着时间的推移，太阳中心各种各样密度大的物质越聚越多，这些物质在中心互相碰撞摩擦，产生了强大的能量，温度可达到几千摄氏度。

当太阳中心引力聚集的物质团块逐渐减少摩擦运动渐渐平息后，太阳温度开始下降，直到冷却，它才凝聚形成了一颗巨大的恒星。太阳形成之后随之产生强大的磁场，因为太阳是由高密度的物质所组成，所以它产生的吸引力更加强大。这时太阳不可一世，雄威凌人。

太阳已经形成了大约有 46 亿年之久，人类从认识太阳起，就总是认为太阳是一颗巨大的火球。太阳所发出的能量和高度耀眼的光，并不是它自身被燃烧而发出来的能量。1930 年，英国物理学家埃丁顿曾经提出："太阳的中心压力和温度超凡异常，中心温度可达到 1.6×10^7 开。"这样的超高温度是怎样得来的？是太阳为了给太阳系八大行星送去温暖，不惜让自己烧成一团铁水或一团气体吗？

1938 年，德国裔美籍物理学家贝脱研究找出了氢能够聚合生成氦的几种可能方式，并认为太阳的能量是通过这几种聚合反应产生出来的。第一种是氢能转化为氦，第二种是通过碳原子参与作为媒介进行反应。他认为，太阳是由氢核聚变爆炸生成氦的互相还原反应而发出能量。

科学家们通过对太阳辐射计算得出，太阳每秒钟要耗费 400 万吨质量，太阳的总质量约为 1.989×10^{30} 千克，可以想象这些质量存在于太阳上，还能够节约地控制在每秒钟仅燃烧 400 万吨质量吗？

一个庞大物体的燃烧速度是难以控制的，也是不可设想的。例如把几万吨的炸药自然地放置在露天的场地上，用火一起点燃，然后让它很节约地爆炸，这有可能吗？一大堆木柴很自然地放置在火焰中燃烧，能叫它一条一条地慢慢燃烧，而达到某种程度的节约吗？

如果太阳中心温度在 1.6×10^7 开以上，那么它就应该是一团气体，是一团气体组成的球体在燃烧，它是不会像我们点煤油灯一样，控制着灯火的大小而达到节约使用燃料的目的。如果太阳是靠自身质量燃烧来发出能量，那又是什么东西控制它，使它每秒钟燃烧的总质量只有 400 万吨呢？而让太阳剩下的质量保存好慢慢燃烧，留下来给以后几千亿年使用，这可能吗？

美国天文学家德·埃及根据格林尼治天文台自 1836 年以来的测量数据推算认为，在近 100 年间，太阳直径缩短了 1000 千米。这引起了全世界科学家的兴趣。经过大量观察和研究，科学家们认为太阳 100 年收缩 0.1% 直径这一理论有一定可靠性。于是，有人提出，太阳之所以能够释放出巨大的能量，是因为它的巨大炽热团块在引力作用下不断收缩。但令人大吃一惊的是，照此计算，太阳只够用 2500 万年，这显然与地球的历史相矛盾。因此，太阳能量之谜，并不能用太阳收缩来解释。

太阳的能量究竟是怎么回事，还有待科学家们进一步探索。

2. 太阳会爆炸吗

一位名叫万·杰尔·梅尔的荷兰天体物理学家发表了一番令人震惊的言论。他说，依据研究，我们的太阳还有数年的寿命。数年后，太阳将像宇宙中的一些超新星一样发生猛烈的爆炸。他指出，在正常情况下，太阳核部的温度已超过 1.6×10^7 开。据此升温的速度计算，数年后，太阳将会毁于一次猛烈的爆炸。

梅尔的言论，自然引起了人们的普遍关注。数年后太阳果真会爆炸吗？如果会，人类赖以生存的地球不也就会随之毁于一旦吗？

此事事关全人类生死，我们当然不能掉以轻心。但大多数科学家对梅尔的言论嗤之以鼻，认为他只是危言耸听，并无可靠的依据。

俄罗斯太阳地球物理学院的科学家谢尔兰·亚泽夫就指出：当今的太空中分布着众多的人造观察卫星，根据这些卫星不间断的实测记录，最近几十年来，太阳的辐射通量并没有发生任何明显的变化。不仅如此，和地球的地质与历史资料相比较，可以算出几万年来太阳的辐射通量一直很稳定。大家知道，辐射通量是指在单位面积中所接收到的辐射

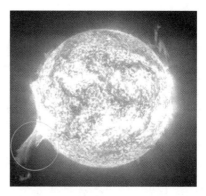

太阳爆炸图

太阳爆炸产生的冲击波

剂量。如果太阳果真像梅尔所说的那样，核部温度大幅度升高，那么它的辐射通量也必将发生明显的变化。

美国宾夕法尼亚州大学的詹姆斯·凯斯舍格教授，也出来驳斥梅尔的言论。他指出："太阳虽然也和天下所有事物一样，有生也有灭，不是永恒的，但绝不是在 6 年之后，而是在很久很久以后，世上未必有人会看到太阳的爆炸。"

原来，根据对宇宙中大量恒星的研究，人们认为，太阳目前正处于"主序星阶段"。对于像太阳这样的恒星来说，形成至今已有将近 46 亿年的历史，也就是说太阳在"主序星阶段"至少还可以再停留 34 亿年。到"主序星阶段"的末期，由于产生当

今太阳辐射的主要能源——氢已基本燃烧完，这就使它核部不能产生新的能量来抵御浅部向中心收缩的压力，于是太阳会发生明显的收缩。收缩产生的压力和温度的升高，将促使太阳的核部发生新的热核反应——原来的氢燃烧转变为氦，氦燃烧变为碳的反应。于是，放射重新增强，并强大到足以迫使浅部物质迅速向外扩散膨胀。由于膨胀，太阳表面温度将开始下降，半径则显著增大，太阳光会从现在的近于白色转向红色，半径则显著增大，太阳便进入"红巨星阶段"。

据推测，在"红巨星阶段"太阳的半径可能超过目前的水星轨道，并把水星吞没。那时，地球也会因距太阳太近，而成为不适于人类居住的星球。

但是人们估计，太阳在"红巨星阶段"将停留 4 亿年左右。在那以后，太阳又将迅速收缩，继而就有可能发生爆炸，成为"新星"或"超新星"。

正是根据这一理论推测，凯斯舍格教授认为，不可能有人看到太阳爆炸的那一天。

预报进展——能否预报太阳风

"如果能提前——哪怕是一个小时——预报太阳风的到来并加以警告，人类受太阳风影响而造成的损害就能降低到尽可能低的程度。"科学家们如是说，"现在预报下雨已经很准了，可对太阳风的预报还在初级阶段，这好比 40 年前预报下雨。"

但是，研究人员在提前 24 小时预报太阳风暴爆发的工作上取得了很大的进展。

1. "磁绳"使得太阳风的预报成为可能

太阳风是漫游在广袤太空中的"游侠"，平时很少光顾地球。但是，在太阳活动极大年中，太阳风袭击地球的频率是平常的几倍，通常一星期就发生几次。尽管其中大部分都悄悄消逝在空中，不会产生什么重大影响，但如果发生大能量的冲击，很可能造成比 1989 年魁北克事件更具破坏力的后果。

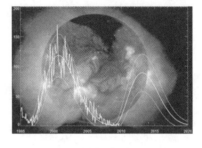

太阳风活动频繁

正因为如此，天体物理学家们比往常更紧张地工作着。他们通过巨型天文望远镜和探测卫星，从每一个可能出现太阳风的角度观测着无垠的太空，时刻警惕着这些可能到来的"入侵者"。

20 多年前，科学家们提出了"磁绳"的概念和理论。

太阳大部分的磁力线弧形分布，弧的两端根植在太阳表面，以这种方式分布的磁力线不但难以爆发，而且很可能起着阻止爆发的作用。但是，"磁绳"内的磁场不同，它们相互缠绕，大部分已脱离了根部，所以容易离开太阳表面。"磁

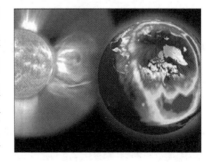

太阳风

绳"不断上升，会到达一个临界点，然后突然爆发。这就好比火山爆发前，火山口会向上隆起，一旦突破阻力，岩浆就会猛力加

速而爆发。

"磁绳"已经在科学界流传很久了，这么多年来，科学家们一直在争论，却苦于没有确切的观测证据。"磁绳"演化速度极快，存在时间极短，所以，证实其存在非常困难。

美国国家航空航天局发射了名为"太阳动力学天文台"的观测器，其携带的大气综合成像仪每隔 10 秒 24 小时不间断地对太阳拍一次照。利用这种高速拍摄仪器，中国一位副教授捕捉到了太阳活动区中的"磁绳"。也许这一结果将会使得太阳风暴的预报成为可能。

2. 太阳风激发壮观极光

地球磁层磁力线携带太阳风的能量进入地球内部，进而驱动了地磁场的形成。在这磁层磁力线闭合环路上，除了有地球内部的导电体之外，还有大气层的电离层这一弱导电体。当太阳风强烈时，磁力线能量遇到地球内部的磁感抗，有许多能量消耗不掉，于是就在电离层处形成了极光。

在地球上，极光是磁极地区上空的彩色发光现象，一般呈带状、弧状、幕状或放射状。这些形状有时稳定，有时作连续性变化。它们有着五颜六色的光辉，像飘舞的彩带，又像万里长虹。在大约离磁极 25°~30° 的范围内常会出现极光，这个区域称为极光区或者极光椭圆带。

极光具有和太阳自转有关的 27 天周期变化，以及和太阳活动有关的 11 年周期变化。太阳活动年期间，极光区向赤道方向移动；太阳平静年份极光则向南北极移动，另外极光还随季节和昼夜起伏变化。

极光离地面 80 千米～400 千米，有的高达 1000 千米，范围最宽有 1000 千米。北极光带以北磁极为中心，大体呈卵形分布。如果用类似等压线物质连接，则称为极光等频线。该线最高值大体经过阿拉斯加中北部、加拿大北部、格陵兰岛、冰岛、斯堪的纳维亚半岛北部、新地岛、新西伯利亚群岛。每年可以见到极光的机会 240 多天。南极光带大致围绕南极大陆海岸分布。

中国黑龙江北部大体上一年有一次机会见到极光，新疆北部、内蒙古北部、黑龙江南部、吉林北部大约 10 年一次机会。由于地磁极的变化，古代北磁极曾经靠近我国。历史上的北京、西安、洛阳、开封等地也见到过极光，并留下了记载，是具有科研价值的珍贵资料。

司马迁在《史记·天官书》中记录了极光现象及形状："烛光"，像火炬的极光；"卿云"，似云非云，若烟非烟，是不定型弥散状极光；"天开"，是暗色天幕中突显的光带；等等。

《太平御览》中记载："夜有黄白光，十余丈，明照地。或曰'天裂'，或曰'天剑'。"《汉书》中有"天开东北，广十余丈，长二十余丈"，这指的是汉惠帝二年（公元前 193 年）出现的极光。

中国古籍中，有关极光的记录有 170 多条。

番外：太阳科技名词解释

本章附录一些关于太阳的名词解释和专业术语，以便你更好地阅读回顾这一章的内容。

结构

在茫茫宇宙中，太阳只是一颗非常普通的恒星，在广袤浩瀚的繁星世界里，太阳的亮度、大小和物质密度都处于中等水平。

只是因为它离地球较近，所以看上去是天空中最大最亮的天体。其他恒星离我们都非常遥远，即使是最近的恒星，也比太阳远27万倍，所以看上去只是一个闪烁的光点。

组成太阳的物质大多是些普通的气体，其中氢约占71%、氦约占27%，其他元素占2%。太阳从中心向外可分为核反应区、辐射区、对流区和太阳大气。

太阳的大气层，像地球的大气层一样，可按不同的高度和不同的性质分成各个圈层，即从内向外分为光球、色球和日冕三层。我们平常看到的太阳表面，是太阳大气的最底层，温度约是6000开。它是不透明的，因此我们不能直接看见太阳内部的结构。

内部构造

太阳的内部主要可以分为三层：日核（核反应区）、中层（辐射区）和对流层。

太阳的核心区域半径是太阳半径的1/4，约为整个太阳质量的一半以上。太阳核心的温度极高，压力也极大，这使得由氢聚变为氦的热核反应得以发生，从而释放出极大的能量。这些能量通过辐射层和对流层中物质的传递，才得以传送到达太阳光球的底部，并通过光球向外辐射出去。太阳核心区的物质密度非常高，中心密度可达150克/厘米^3。太阳在自身强大重力吸引下，核心区处于高密度、高温和高压状态，这是太阳巨大能量的发祥地。

太阳核心区产生的能量传递主要靠辐射形式。太阳核心区之外就是中层，中层的范围是从热核中心区顶部的0.25个太阳半径向外到0.71个太阳半径，这里的温度、密度和压力都是从内向外递减。从体积来说，辐射层占整个太阳体积的绝大部分。太阳内部能量向外传播除辐射，还有对流过程。从太阳0.71个太阳半径向外到达太阳大气层的底部，这一区间叫对流层。这一层气体性质变化很大，很不稳定，会形成明显的上下对流运动。这是太阳内部结构的最外层。

光球

太阳的光球活动

太阳光球就是我们平常所看到的太阳圆面，通常我们所说的太阳半径是指光球的半径。光球层位于对流层之外，属太阳大气层中的最低层或最里层。光球的表面是气态的，其平均密度只有水的几亿分之一，但由于它的厚度达500千米，所以光球是不透明的。光球层的大气中存在着激烈的活动，用望远镜我们可以看到光球表面有许多密密麻麻的斑点状结构，很像一颗颗米粒，这被称之为米粒组织。它们极不稳定，一般持续时间仅为5分钟～10分钟，其温度要比光球的平均温度高。科学家目前认为这种米粒组织是光球下面气体的剧烈对流造成的现象。

光球表面另一种著名的活动现象便是太阳黑子。黑子是光球层上的巨大气流旋涡，大多呈现近椭圆形，在明亮的光球背景反衬下显得比较暗黑，但实际上它们的温度不低于4000开。倘若能把黑子单独取出，一个大黑子便可以发出相当于满月的光芒。黑子出现的情况不断变化，反映了太阳辐射能量的变化。关于太阳黑子，下文我们还会详细介绍。

色球

紧贴光球之上的一层大气称为色球层，平时不易被观测到，过去这一区域只有在日全食时才能被看到。当月亮遮掩了光球明亮光辉的一瞬间，人们能发现日轮边缘上有一层玫瑰红的绚丽光彩，那就是色球。色球层厚2000千米7000千米，它的化学组成与光球基本上相同，但色球层内的物质密度和压力

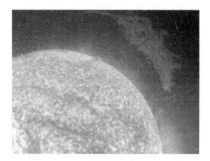

太阳的色球层

要比光球低得多。日常生活中，离热源越远温度越低，而太阳大气的情况却截然相反。人们对这种反常增温现象感到疑惑不解，至今也没有找到确切的答案。

在色球上人们还能够看到许多腾起的火焰，这就是天文上所谓的"日珥"。日珥是迅速变化着的活动现象，一次完整的日珥过程一般为几十分钟。日珥的形状可说是千姿百态，有的如浮云烟雾，有的似飞瀑喷泉，有的似一弯拱桥，也有的酷似团团草丛，真是不胜枚举。天文学家根据形态变化规模的大小和变化速度的快慢，将日珥分成宁静日珥、活动日珥和爆发日珥三大类，最为壮观的要属爆发日珥。本来宁静或活动的日珥，有时会突然"怒火冲天"，把气体物质拼命往上抛射，然后回转着返回太阳表面，形成一个环状，所以其又称为环状日珥。

日冕

日冕是太阳大气的最外层。日冕中的物质也是等离子体，它的密度比色球层更低，而它的温度反比色球层高，可达上百万摄氏度。在日全食时，我们在日面周围看到放射状的非

壮观的日冕细节照片

常明亮的银白色光芒即是日冕。日冕的范围在色球之上，一直延伸到好几个太阳半径的地方。日冕还会有向外膨胀运动，并能使冷电离气体粒子连续地从太阳向外流出，从而形成太阳风。

太阳黑子

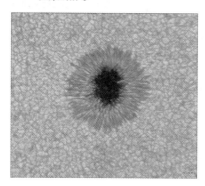

太阳黑子

通过一般的光学望远镜观测太阳，观测到的是光球层的活动。在光球上，我们常常可以看到很多黑色斑点，它们叫作"太阳黑子"。太阳黑子在日面上的大小、多少、位置和形态等，每天都不同。太阳黑子是光球层物质剧烈运动而形成的局部强磁场区域，是光球层活动的重要标志。长期观测太阳黑子有人发现，有的年份黑子多，有的年份黑子少，有时甚至几天、几十天日面上都没有黑子。

天文学家们早就注意到，太阳黑子从最多或最少的年份到下一次最多或最少的年份，大约相隔 11 年。也就是说，太阳黑子有平均 11 年的活动周期，这也是整个太阳的活动周期。天文学家把太阳黑子最多的年份称之为"太阳活动高峰年"，把太阳黑子最少的年份称之为"太阳活动低峰年"。

太阳耀斑

太阳耀斑是一种最剧烈的太阳活动，一般被认为发生在色球层中，所以也叫"色球爆发"。其主要观测特征是，日面上（常在黑子群上空）突然出现迅速发展的亮斑闪耀，其寿命仅在几分钟到几十分钟之间。其亮度上升迅速，下降较慢。特别是在太阳活动高峰年，耀斑出现频繁且强度变强。

别看它只是一个亮点，一旦出现，简直是一次惊天动地的大爆发。这时其增亮释放的太阳耀斑能量相当于 10 万至 100 万次强火山爆发的总能量，或相当于上百亿枚百吨级氢弹的爆炸；而一次较大的耀斑爆发，在一二十分钟内可释放 10^{25} 焦耳的巨大能量。

太阳耀斑爆发

除了日面局部突然增亮的现象外，耀斑主要表现在从射电波段直到 X 射线的辐射通量突然增强。耀斑所发射的辐射种类繁多，除可见光外，有紫外线、X 射线和伽马射线、红外线和射电辐射，还有冲击波和高能粒子流，甚至有能量特高的宇宙射线。

耀斑对地球空间环境造成很大影响。太阳色球层中的一声爆炸，能让地球大气层即刻出现缭绕"余音"。耀斑爆发时，大量的高能粒子到达地球轨道附近时，将会严重危及宇宙飞行器内的航天员和仪器的安全。当耀斑辐射来到地球附近时，会与大气分子发生剧烈碰撞，破坏电离层，使它失去反射无线电电波的功能。无线电通信尤其是短波通信，以及电视台、电台广播，会受到干扰甚至中断。耀斑发射的高能带电粒子流会与地球高层大气作用，产生极光，并干扰地球磁场而引起磁暴。

此外，耀斑对气象和水文等方面也有着不同程度的直接或间接影响。正因为如此，人们对耀斑爆发的探测和预报的关切程度与日俱增，正在努力揭开耀斑的奥秘。

光斑（谱斑）

光斑是太阳光球层上比周围更明亮的斑状组织。用天文望远镜对它观测时，常常可以发现：在光球层的表面，有的明亮，有的深暗。这种明暗斑点是由于温度高低不同而形成的，比较深暗的斑点叫作"太阳黑子"，比较明亮的斑点叫作"光斑"。光斑常在太阳表面的边缘"表演"，却很少在太阳表面的核心区露面。因为太阳表面核心区的辐射属于光球层的较深气层，而边缘的光主要来源于光球层较高部位，所以，光斑比太阳表面高些，可以算得上是光球层上的"高原"。

光斑也是太阳上的一种强烈风暴，天文学家把它戏称为"高原风暴"。不过，与乌云翻滚、大雨滂沱、狂风卷地百草折的地面风暴相比，"高原风暴"的性格要温和得多。光斑的亮度只比宁静光球层略强一些，一般只大10%，温度比宁静光球层高。许多光斑与太阳黑子还结下不解之缘，常常环绕在太阳黑子周围"表演"。少部分光斑与太阳黑子无关，活跃在70°高纬区域，面积比较小。光斑平均寿命约为15天，较大的光斑寿命可达3个月。

光斑不仅出现在光球层上，色球层上也有它活动的场所。当它在色球层上"表演"时，活动的位置与在光球层上露面时大致吻合。不过，出现在色球层上的不叫"光斑"，而叫"谱斑"。实际上，光斑与谱斑是同一个整体，只是它们的"住所"高度不同而已，这就好比是一幢楼房，光斑住在楼下，谱斑住在楼上。

米粒组织

米粒组织是太阳光球层上的一种日面结构，呈多角形小颗粒形状，得用天文望远镜才能观测到。米粒组织的温度比米粒间区域的温度约高300℃，因此，显得比较明亮易见。虽说它们是小颗粒，实际的直径也有1000千米2000千米。

明亮的米粒组织很可能是从对流层上升到光球的热气团，它不随时间变化且均匀分布，会呈现激烈的起伏运动。米粒组织上升到一定的高度时，很快就会变冷，并马上沿着上升热气流之间的空隙处下降。米粒组织的寿命也非常短暂，来去匆匆，从产生到消失，几乎比地球大气层中的烟消云散还要快，平均寿命只有几分钟。近年来发现的超米粒组织，其尺度达 30000 千米左右，寿命约为 20 小时。

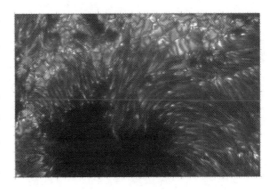

太阳米粒结构

有趣的是，在老的米粒组织消逝的同时，新的米粒组织会在原来位置上很快地出现，这种连续现象就像我们日常所见到的沸腾的米粥中不断上下翻腾的热气泡。

在科幻小说中经常描写到，地球逐渐被黑洞吞噬，人类世界毁于一旦。当今一些科学家表示，这并非只有在科幻小说中才可能出现："事实上危险正在逼近。在黑洞与地球的较量中，地球注定要失败，这是显而易见的。"

与黑洞较量，地球注定要失败吗

美国天文学家表示："如果我们遭黑洞袭击，对于太阳系来说，这将是一个不幸的时刻。"

庞大的银河系中存在着数千亿颗恒星，每一颗都处于生命周期中不同的点。科学家认为，如果按常规推测，每天死亡的恒星至少有 1 颗。一些质量巨大的恒星在其生命的最后阶段会发生塌陷并最终演化为黑洞。拥有巨大引力的黑洞充当着无形的宇宙真空吸尘器，它能吞噬所

迄今为止最清晰的黑洞喷射图

到之处的一切物体，就连光线也不例外。

如果发射核武器攻击黑洞，所产生的效果不过是打了个小洞而已，巨大的黑洞引力实在是太可怕了。

黑洞位于所有庞大星系的心脏。人类所在的银河系的中央也存在这样一个宇宙怪物。在宇宙中"定居"的黑洞不计其数。

幸运的是，黑洞朝地球进发进而吞噬人类的可能性极低。然而，如果一个黑洞真的进入太阳系并与地球成为邻居，人类世界会发生什么呢？

可怕的黑洞能够吞噬光线，科学家仍无法对它进行直接观察，但可以观察黑洞对周围物质的破坏。

黑洞来袭的最初征兆是夜晚天空中的微妙变化。黑洞引力将扭曲地球的轨道，我们随即发现其他行星以及银河系中恒星的轨道发生变化。黑洞距离地球越近，地球轨道遭扭曲的程度也就越严重。即便是一颗距离太阳系极其远的黑洞，仍会影响地球的轨道，改变潮汐。

如果一颗流浪的黑洞逼近太阳系并且向地球进发，那么科幻小说中描写的人类浩劫将成为现实。地球将冲出它的轨道脱离太阳系，或是朝相反的方向飞向太阳，致命的高温将让地球上的一切生灵化为灰烬。

无论是哪一种情况，一旦黑洞逼近地球，人类家园将被无情劈开，难逃被吞噬的命运。

无限的黑洞乃是宇宙本身

"黑洞"很容易让人望文生义地将其想象成一个"大黑窟

窿"，其实，黑洞远没有那么简单，它是宇宙天体中的"个性一族"。

晴朗的夜晚人们遥望星空，除了那些亮晶晶的小星星之外，那些不发出亮光的星体的意义更为重大。

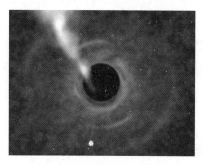

最大的黑洞

美国国家航空航天局曾经发射高能的天文观测系统，以研究太空中看不见的光线。在发回的 X 射线宇宙照片中，最惊人的是那些从前被认为"消失"了的星体依旧在放出强烈的宇宙射线，而且射线强度远远高于太阳这样的恒星体。

这证明了长久以来的一个怪异设想：宇宙中存在着看不见的"黑洞"。

如前所说，黑洞是天体中的"个性一族"，它的性质不能用常规的观念思考，但是它的原理并不难理解。黑洞的形成需要一个必要条件：一个巨大的物体集中在一个极小的范围，而晚期的恒星恰巧具备了这个条件。当恒星能量衰竭时，高温的火焰不能抵消自身重力，从而逐渐向内聚合，原子收缩，恒星很快进入白矮星阶段，体积变小，亮度惊人。白矮星进一步内聚收缩，最后突然变成一个点。这就像跟太阳一样大的恒星突然收缩成了高尔夫球那么大，甚至"什么都没有"。在我们看来，是恒星消失了，而一个黑洞就这样诞生了。

由于无限大的密度，崩坍了的星体具有不可思议的引力，附近的物质都可能被吸进去，甚至光线都不能逃脱——这是我们看不见它的原因。所以这个深不可测的洞，很形象地被称为"黑洞"。

科学家相信大多数星系的中心都有黑洞，包括我们所在的银河系。根据相对论，90%的宇宙都会消失在黑洞里。所以一种更令人吃惊的说法是："无限的黑洞乃是宇宙本身。"

1. 黑洞和想象的"不一样"

在无数关于宇宙的故事中，黑洞是个神奇的存在。它就好像地球上的百慕大三角，是星海中神秘的幽灵。在关于太空的传说里，它有时扮演吞噬一切的无底洞，有时是通往未知世界的星际之门。

但事实上，作为一种独特的天体，黑洞和我们想象的不太一样。

黑洞不是"洞"

很多人会把黑洞想象成一个洞或者是一个通道。在解释引力对空间的弯曲时，我们经常用这样的图像表示：空间被想象成了一张床单，大质量天体对空间的弯曲就像把一个保龄球放在床单上一样，黑洞变成了一个漏斗般的"洞"，这显然让人们对黑洞视界的形状产生了误解。

对于某个物体而言，它对你的引力取决于两个因素：这个物体的质量和它到你的距离。这意味着，只要到该物体的距离相同，各物体受到的引力都是相同的。如果把所有这些引力相同的点串联起来，就能得到一个以引力体为球心的球面。因此，从外面看上去，黑洞视界是一个黑色球面。

黑洞会转动

在以前我们建立的理论模型中，黑洞是静止的，但根据观测和理论发展，现在我们认为它应该会转动。恒星会自转，它的核心也会转动。当恒星的核心坍缩，越来越小时，它的自转就会越来越快。就好像花样滑冰运动员收回张开的手臂，加快自身的旋转。即使恒星坍缩成了黑洞，它也仍然在转动。

黑洞也不是"黑球"

当黑洞自转的时候，黑洞的视界之外就会产生一个被称为能层的椭球形区域。这就像地球自转会导致赤道部分比两极部分凸出一样。一旦进入能层和视界之间，物体就无法静止了，空间将被黑洞拖拽着，沿着黑洞自转的方向运动。而在能层的内部，空间运动的速度会超过光速。

按照爱因斯坦的相对论，虽然物质不可能运动得如此之快，但空间本身却可以。另一个有名的例子是宇宙大爆炸，当宇宙产生的那一刹那，空间急剧膨胀，其速度超过了光速。

另外，虽然黑洞没有光，但它看上去并不总是黑的。因为体积小，所以很少有物质会正好掉进黑洞，它们会被它吸引，绕着它转动。这些物质越来越多，会形成一个围绕黑洞高速转动的盘。

由于黑洞的引力会随距离变化，因此如果靠近黑洞的物质的速度要远远超出外围的，它们的相对运动就会导致剧烈的摩擦，使物质被加热到数百万摄氏度的高温，于是黑洞附近的物质盘会发出极为明亮的辐射。

同时，磁场会驱动物质从中心向垂直于盘的两侧喷出。这两条喷流在几百万甚至数十亿光年之外都能被看见。连光都无法从黑洞中逃逸，黑洞却会因这些物质成为宇宙中最"明亮"的天体。

黑洞会长大

当两个黑洞碰撞的时候会发生什么？它们会形成一个更大的黑洞。同样，黑洞吞食其他物质后也会长大。在早期宇宙中，当星系正在形成时，婴儿星系核心处的物质会坍缩成一个质量极大的黑洞。随着越来越多的物质掉入其中，黑洞会贪婪地消化它们进而生长，最终长成一个超大质量黑洞，其质量会达到太阳的数百万甚至数十亿倍。

不过，就像上文所说，掉入黑洞的物质会被加热到极高的温度，由此所发出的辐射会把物质向外推，阻止它们下落，随着时间的流逝，停留在黑洞周围的气体和尘埃会形成恒星。但相对于气体，恒星远没有那么容易掉入黑洞。最终由于没有更多的物质落入，黑洞会停止生长。如今，在银河系的中心就有这么一个超大质量黑洞，它的质量是太阳的几百万倍，离太阳几万光年。

黑洞如空气

随着质量的增大，黑洞的视界也会变大。物理法则告诉我们，黑洞视界的半径和它的质量呈正比。也就是说，如果黑洞的质量增大到原来的 2 倍，其视界的半径也会增大 2 倍，它的体积则会增大 8 倍（因为视界是个球面）。

接下来我们可以用计算把黑洞和空气联系起来：一个普通的黑洞，它的质量通常为太阳的 3 倍，视界半径为 9 千米，此时它的密度为 2000 万亿克/厘米^3。如果你把它的质量翻一倍，其密度就会减少到原来的 1/4；质量增人十倍，密度就会减少为原来的 1/100。对于一个在星系团中常见的、10 亿个太阳质量的超大质量黑洞而言，它的密度只有 0.001 克/厘米^3，和地球上的空气密度一样。

2. 宇宙会被黑洞吞没吗

黑洞能吸进整个宇宙吗？在原则上没有什么东西可以充满黑洞，但是我们的宇宙正在飞速地扩张。科学家发现其他河外星系都在移动，而且移动的速度越来越快。

如上所述，在银河系中心有一个大的黑洞，这个黑洞没有足够大的能量来停止扩张，宇宙本身也没有足够大的能量停止扩张，最终宇宙扩张到极限而再回转是可能的。有许多天文学家及理论物理学家相信这种现象将会发生。如果是那样，宇宙本身就是一个黑洞，它本身被吸入，然后再回到所有黑洞内部最终的奇点。

如果一个勇敢的航天员乘坐火箭船，在黑洞边缘绕行，穿过黑洞的地平线，在那里将会看到什么样的情景？他将会遭遇什么样的危险？他将不能告诉我们他所知道的一切，因为这是一趟单程旅行。他将会被强大的引力所吸引，最后消失于无垠的宇宙之中。

随着历史的进程，人类已揭示了许多宇宙的秘密。但是对于那些古老之谜仍未能找到真正的答案，只有一件事是肯定的：许多问题的答案仍藏在黑洞的深处。

恒星痛苦挣扎，难逃黑洞厄运

欧洲和美国天文学家借助太空望远镜在一个距地球 7 亿光年的星系中观测到了耀眼的 X 射线爆发。科学家相信，这是被位于该星系中央的黑洞所吞噬的一颗恒星发出的"临终呼叫"。这是科学家首次找到超大质量黑洞撕裂恒星的强有力的证据。

同黑洞搏斗，力量对比极其悬殊。存在于星系中央的黑洞质

量约为太阳质量的一亿倍，
而被撕毁的恒星质量仅与太
阳质量相当。据推测，这颗
恒星很可能在与另一颗恒星
近距离相遇后，偏离了原先
的运行轨道，结果与超大质
量黑洞距离过近，在后者巨
大的引力作用下伸展，直至

X 射线爆发

被扯得四分五裂。不过这个黑洞并不"贪心"，它只"吃"掉了
该恒星的1%。

宇宙会消亡吗

从理论上讲，宇宙有诞生，就有消亡。至于宇宙如何消亡，
现在还只能推测。

如果宇宙永远膨胀，加上大质量恒星死亡后会成为黑洞，宇
宙中的黑洞越来越多，它们会吞食掉宇宙中几乎所有的物质。

如果宇宙转而收缩，随着温度的不断升高，包括恒星在内的
各种天体都会逐渐解体，黑洞则会趁机饱食一顿，吞食几乎所有
的物质，最后黑洞火并，整个宇宙成为一个大黑洞。

当然在上述两种情况中，总会有少许物质幸存下来，没有被
黑洞吞食。

根据斯蒂芬·霍金等人的理论，黑洞会逐渐蒸发为电子和光
子等基本粒子。

同时，科学家还认为，质子也会衰变为反电子和 γ 射线光子。
质子是各种原子核的主要成分，质子的衰变，就是各种物质的瓦
解。因此，没有被黑洞吞食的少许物质，也会成为电子和光子。

黑洞蒸发的电子，与质子衰变的反电子相遇后湮灭为能量和

光子，这样，宇宙就坍缩了，消亡了。

能找到宇宙消亡的证据吗

宇宙消亡的最后标志是黑洞的蒸发殆尽和质子衰变使各种物质瓦解。

黑洞的最后蒸发，目前还无法用实验去验证，但质子是否衰变，科学家认为现在可以用实验去检验。

有人曾经认为，质子衰变所需要的时间为 10^{28} 年。这样，在 10^{28} 个质子（在 10 千克物质中就包含有这么多质子）中，每年应有 1 个质子发生衰变。但后来这个衰变时间被实验否认了。

人们认为，质子衰变的时间应为 10^{30} — 10^{32} 年。如果说质子衰变的时间为 10^{32} 年的话，一个人一生中在身内会有 12 质子衰变。因此如果说质子衰变的时间确是 10^{30} 年或 10^{32} 年的话，目前是可以用实验检验的。

检验的办法是：将足够数量的水，用水槽盛放并放在数百米深的地下（以排除各种干扰因素），在水槽四周设置大量探测仪器，探测质子的衰变反应。质子衰变时会产生一个反电子和一个中性 π 介子，π 介子很快又会衰变为两个 γ 射线光子，光子遇到水物质的原子核，会产生能量很高的正、反电子对，因而可以被探测到。如果水的数量在 10000 吨以上，每年我们应观测到 1 次以上质子衰变。

但有的人认为，质子衰变时间为 10^{80} 年，甚至更长，那就超出检验的范围了。

宇宙到消亡还有多长时间

宇宙还有多长时间消亡？这还纯粹是一个揣测性的问题，而且简直是虚幻缥缈的揣测！因而，科学家提供的数字很不相同。

丁·伊思兰在《宇宙的最终命运》（1983 年）一书中提出，10^{31} 年后，宇宙将形成一个超巨型黑洞，质量达太阳质量的 10^{15} 倍。这个超巨型黑洞需要 10^{106} 年时间才能蒸发完，从而变成电子和光子。

还有些理论认为，黑洞不可能将所有物质都吞食掉，逃脱厄运的物质将游离于黑洞之外。不过，这些游离物质因质子衰变而成为反电子和光子，只需要 10^{33} 年。

有一种理论认为，由黑洞蒸发而来的电子和由质子衰变而来的反电子，并不都能双双湮灭成能量和光子。它们有的在 10^{71} 年后双双组成相同绕转的电子对原子（也叫偶电子素）。这些偶电子素每 10 万年才靠近 1 厘米，由于相距遥远（直径达几万亿光年），最后相遇湮灭需要 10^{116} 年的时间！

只有到这时，即只剩下能量和光子时，宇宙才算最后消亡了。算算看，这是一段多长的时间！

追寻黑洞的家园

"黑洞"这个概念刚一提出，就被人们称作痴人说梦，但科学家的研究日益证明这种天体的确存在。一些科学家因研究黑洞而出了名，其中最有名的要数英国科学家霍金了。而近年来，科学家又发现了黑洞有许多新的"怪脾气"。黑洞也许还是黑的，但是它们不再能完全藏匿起来，因为我们正在学习如何撩开它们的面纱。

1. 巨大黑洞是怎样形成的

人们已经认识到了，黑洞是超新星爆发的结果，但是对于巨大黑洞的起源，目前还没有定论。巨大黑洞不能由小黑洞聚合而

黑洞形成过程

成，除此之外，难道就没有突然形成中间质量黑洞的途径了吗？有，当然有。不过，存在这种可能的关键之处在于是否能把具有太阳质量100万倍的天体凝缩至0.01光年以下的空间。

作为一种可能性，哈佛大学的科学家提出了一种新的设想：在宇宙诞生之初，由大质量的天体产生了中间质量的黑洞。科学家们把这个过程用计算机进行了模拟，结果显示，在宇宙诞生30万年时，大质量的天体中发生了电离，大小凝缩至0.01光年以下。此时，宇宙中澄澈无比，光能够通行无阻，也就是说整个宇宙是明亮的而非如今这般深暗。那时产生的黑洞质量约为太阳的10万倍到100万倍，而且基本上是在与星系无关的空间形成的。

黑洞与星系遭遇，便会落入星系的中心。如果落入星系中心的黑洞一年间会附着一个太阳质量的物质的话，1亿年后就会拥有1亿倍以上的太阳质量，变成一个"大胖子"，从而成为巨大的黑洞。以类星体的能量来说，如此规模的质量附着是必不可少的，但是这种模型也不能完全自圆其说。考虑到一般的宇宙模型，以这种机理形成的黑洞的数目比星系的数目要少得多。因

此，在理论上，形成巨大黑洞的确切过程仍未明了。

巨大黑洞的起源之谜直到今天仍包裹在重重迷雾之中。黑洞是如何越变越大的，巨大黑洞与星系的诞生和演化又具有怎样的关系……我们需要解释的疑问还很多。

黑洞可能占宇宙能量之半

在科学家发表的一篇报告中指出，黑洞这种看不见的"宇宙坟场"所释放的能量可能高达宇宙诞生以来所有量总和的一半，但这一理论还需要进一步的验证。

多年来，天文学家猜测黑洞会辐射能量，但无法与恒星相比。然而最新的研究发现，其实黑洞所辐射的能量可与恒星相匹敌。

科学家们认为，如果以可见光的宇宙来看，似乎宇宙中大部分能量都来自恒星。但新的研究发现，隐藏在尘埃与气体背后的辐射能量也相当大，而这些能量有可能是来自黑洞。

但因为黑洞是"隐形"的，而且它的种类也相当多，所以科学家们对黑洞所具备的能量知之甚少。超巨质量黑洞可达太阳质量的100万甚至10亿倍，但体积却只有太阳系大小。当气体被吸进黑洞时，会达到极高的速度并产生巨大的能量。这些高温、高速气体所辐射出来的巨大能量，波长范围涵盖可见光至X射线，但其可见光辐射直到最近才被观测到，所以对黑洞所具有能量的测定将是一个长期的过程。

宇宙黑洞能哼出低音小调

不久前，科学家发现宇宙中的黑洞能够发出低音声波。

天文学家说，距离地球2.5亿光年的英仙座星系团中心的巨型黑洞在过去数十亿年中可能一直在发出低音声波，只是因为超出了人的听力范围，所以人类无法听到。

剑桥大学的教授通过美国国家航空航天局的"钱德拉X射线观测仪"对"英仙座星系团"的核心进行了观测。科学家认为，在这个位置存在着一个质量是太阳25亿倍的黑洞。

通过观测发现，该星系团的星系之间存在的宇宙气体表现出一种以星系团核心为同心圆的波纹模式，这些波纹的大小达3万光年。

天文学家认为，周围的天体坠落到黑洞时产生的重力波动压力造成了这种波纹，天体不时坠落到黑洞内就产生了不间断的波动，这种波动就是声波。通过计算波纹之间的距离以及声波在该星系丛中的传播速度，研究人员确定了黑洞发出的声波频率——比钢琴的中央C还低57个8度音阶，这样的音调是人耳所不能听到的。

天文学家同时表示，我们的银河系中心同样存在着一个巨型黑洞。但由于这个黑洞还比较年轻，各种活动非常剧烈，干扰了类似声音的传播。

黑洞也会"唱歌"，不过，黑洞发出的"天籁之音"凡人的耳朵根本无法欣赏。它过于低沉，频率只有人耳所能听到的最低声音的上千万亿分之一，是迄今在宇宙中探测到的最低沉的声音。

创造能量的"白洞"

黑洞就像宇宙中的一个无底深渊，物质一旦掉进去就再也逃不出来。根据我们熟悉的"矛盾"的观点，科学家们大胆地猜想：宇宙中会不会也同时存在一种物质像只出不进的"泉"呢？科学家还给它取了一个同黑洞相反的名字叫"白洞"。

科学家猜想：白洞也有一个与黑洞类似的封闭的边界，但与黑洞不同的是，白洞内部的物质和各种辐射只能经边界外部运动，而白洞外部的物质和辐射却不能进入其内部。形象地说，白洞好像一个不断向外喷射物质和能量的源泉，它向外界提供物质和能量，却不吸收外部的物质和能量。

白洞的存在，仅仅是科学家的猜想，我们并没有观察到任何表明白洞存在的证据，在理论研究上也还没有重大突破。不过最新的研究得出一个可能令人兴奋的结论，即："白洞"很可能就是"黑洞"本身！也就是说黑洞在这一端吸收物质，而在另一端则喷射物质，就像一个巨大的时空隧道。

科学家们最近证明了黑洞其实有可能向外发射能量。而根据现代物理理论，能量和质量是可以互相转化的，这就从理论上预言了"黑洞、白洞一体化"的可能。

要彻底弄清楚黑洞和白洞的奥秘，现在还为时过早。但是，科学家们每前进一点，所取得的成绩都让人激动不已，我们相信，打开宇宙之谜大门的钥匙就藏在黑洞和白洞神秘的身后。

对于黑洞是否能将宇宙天体全部吸掉这一问题，有人持否定态度，理由如下：

1. 经观测，在太阳系边界地区有一白洞，其周边有不少同区域的星际物质，可能是黑洞的吸浮物的吐出。

2. 宇宙的原子、分子等在不断进行分裂、爆炸，永远并不停止地产生新物质。

黑洞的吸引力也是有限的，如果无限地吸下去，它的体积也会增大，随着体积增大，吸力不断减小才能达成一种平衡。

2. 如何在无际的太空中发现黑洞

在进入宇航时代后，世界各国都已拥有各种先进的天文观测设备。天文观测已触及距地球100亿光年以外的遥远天体，从河外星系到宇宙尘埃我们都可以一览无余，甚至像几万千米外一支小蜡烛那么微弱的光也能观测到，而唯独对黑洞却无能为力，这确实有些不合逻辑。如果它真是一种质量、密度很大且磁场、引力极强的"天体"，为什么至今看不到它的庐山真面目呢？

原因很简单，黑洞并不是一种实体星球，而是宇宙天体运动时产生的各种"磁场旋涡"现象。它的能量、射线辐射主要都是由磁场引力作用产生的，因为它的构成物质密度非常稀薄，光波发射极其微弱，所以根本无法在远距离用光学仪器观察到它的形状。

那么，怎样才能在无际的太空中发现黑洞呢？

在浩瀚的宇宙中"大海捞针"

既然连光线也没本事从黑洞中逃出来，那么天文学家怎么在茫茫的太空中"捕捉"这种身穿隐身衣的"怪兽"呢？

天文学家想出了一个巧妙的办法，就是密切注意黑洞，当其"伸出黑手"去捕捉和吞食其他星星时，我们便能从"蛛丝马迹"中抓住这双黑手，从而"捕捉住"这"怪兽"。

另外，当物质落向黑洞，在接近而尚未抵达其视界时，该物质将围绕着黑洞外围高速旋转，形成盘状或喇叭状。这些高速旋转的物质，还会因摩擦而产生高温，释放出强大的高能 X 射线，而 X 射线人们用仪器可以探测得到，所以这类高能辐射也是搜寻黑洞的重要线索。

天文学家就根据这两点，在浩瀚的宇宙中"大海捞针"。

例如，人们在天鹅星座附近发现了奇特的强 X 射线源，称之为"天鹅 X－1 射线源"。它与一颗比太阳大 20 倍的亮星彼此围绕着旋转，估计这个黑洞具有 8 倍于太阳的质量。

另外，在一个名叫 M87 的椭圆星系的核心，很可能有一个质

量为几十亿倍太阳质量
的巨大黑洞。

天文学家利用光学
望远镜和 X 射线观察装
置密切地注视着几十个
"双子"星座，它们的
特别之处在于两个恒星
大小相等，谁都不能俘
获谁，且互为轨道运
转。如果其中一颗星发
生不规则的轨道变化，

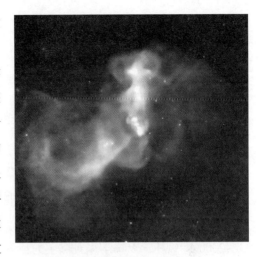

M87 星系

亮度降低或消失，有可能是因为附近产生了黑洞。

人类为探索黑洞付出了不懈的努力，最为成功的一次是在肯尼亚发射的第一颗 X 射线卫星观测系统，其被称作"乌胡鲁"，在斯瓦希里语中是"自由"的意思。这个由美国国家航空航天局（NASA）发射的装置，运行 3 个月就感到"天鹅星座"的异常。天鹅座 X－1 星发出的"无线电波"使得人们可以准确地测定它的位置。X－1 星比太阳大 20 倍，离地球有 8000 光年。研究表明这颗星的轨道发生了改变，原因在于它的看不见的邻居——一个有太阳 5 至 10 倍大的黑洞，围绕 X－1 旋转且周期是 5 天，是人类最早确定的一个黑洞体。

自从哥白尼和伽利略的学说提出以来，还没有一个关于宇宙的理论具有如此的革命性。黑洞的普遍性一旦证实，那么宇宙比我们所能想象的还要神秘。某些科学家甚至做出了更为大胆的设想，即在整个宇宙中，"黑洞"不仅普遍地存在，而且很可能是组成宇宙的关键天体！

至今没有一个人敢宣称，他已经确实找到一个黑洞，但科学家一直在寻找黑洞存在的证据。

举起小型望远镜 "瞭望黑洞"

1994 年，天文学家用最强的哈勃太空望远镜对准了名为 M87 的星系。在这个星系中心发现了一个盘状的物质，它旋转的速度高达 160 万千米/时，而且盘中心的范围相当小。从盘的旋转速度我们可以推算出，它中心的引力和质量——它的质量应该和几十亿颗太阳的质量差不多。为何在如此小的范围内有如此大的质量，目前唯一的解释就是——它是黑洞。

2000 年 9 月，天文学家对黑洞的搜寻又取得了新的突破。科学家借助于 1999 年发射的 "钱德拉" X 射线探测卫星，在名为 M82 的星系中发现了一个中型黑洞，这样的中型黑洞是首次被发现。

需要提醒的是，观测河外星系应注意以下几点：

第一，观测应该在完全黑暗中进行，要没有月光、灯光的干扰。

第二，眼睛应休息好，并完全适应黑暗。

第三，应在目标仰角较高时观测。

第四，最好在有经验的人指导下耐心寻找。

第五，注意安全与保暖。

人造黑洞，关乎未来还是毁灭未来

人类既然可以制造出黑洞，那么，是否可以人为地控制它，把它当作武器使用呢？

1. "黑洞探针" 计划

从现在起到 2050 年前后，中国在空间科学领域将启动实施"黑洞探针"等一系列计划。

"黑洞探针"计划——主要包括硬 X 射线调制望远镜、空间变源监视器、伽马暴偏振探测三个项目。其目的在于研究宇宙天体的高能过程和黑洞物理，理解宇宙极端物理过程和规律。

"天体号脉"计划——主要项目包括 X 射线时变和偏振卫星、太阳系外行星星震及单航天器激光天文动力学空间计划等。其任务是对天体各种波段的电磁波和非电磁波辐射进行高测光精度与高定时精度的探测，理解各种天体的内部结构和各种剧烈活动过程。

"天体肖像"计划——主要项目有高分辨率 X 射线干涉望远镜及干涉望远镜阵列，旨在获得太阳系外的恒星、行星、白矮星、中子星、黑洞等天体的直接照片。

"暗物质探测"计划——利用空间平台，探测各种理论模型预言的暗物质湮没的产物，主要项目包括暗物质粒子探测卫星、中国空间站实施的暗物质粒子探测计划。

2. 在实验室制造 "黑洞"

黑洞像喜欢捕获光一样，喜欢捕获人们的想象力。它们的质量大得惊人，人们认为，位于星系中心的黑洞比太阳大几十亿倍。它们非常可怕，什么都逃不脱黑洞引力的"魔爪"。即使是光与它相比，速度也显得太慢。它们非常奇特，有人认为，它们能让时间放慢脚步。现在，科学家准备在实验室里模拟制造这样的东西出来。

有观点认为，黑洞使物质以我们至今无法理解的方式运动，因此，它们也许掌握着一些最棘手的物理学问题的答案。只要我们能看到它们，就有希望找到答案。

现在科学家正准备在实验室里利用"超材料"制造黑洞。超材料，是结构已经发生改变的常见物质，因此它们可以使光和声音表现出古怪的行为方式。经过特殊设计，这些超材料可以使光线射进去，不过一旦进入，光线就无法再逃逸出来，这跟黑洞十分相似。当然，它们并不像黑洞那样，利用强大的引力吞噬周围太空。事实上它们非常小，几乎没有质量。

这些研究非常困难，但是并非不可行。

3. 人类能否造出"反物质弹"

美国布朗大学物理教授霍拉蒂·纳斯塔西通过实验在地球上制造出了一个人造黑洞。虽然这个黑洞体积很小，却具备真正黑洞的许多特点。

纳斯塔西介绍说，布鲁克海文国家实验室里的相对重离子碰撞机，可以以接近光速的速度让大型原子的核子（如金原子核子）相互碰撞，产生相当于太阳表面温度3亿倍的热能。纳斯塔西在纽约布鲁克海文国家实验室里利用原子撞击原理制造出来的灼热火球，恰好具备天体黑洞的显著特性。比如：火球可以将周围10倍于自身质量的粒子吸收，这比目前所有量力物理学所推测的火球可吸收的粒子数目还要多。

当然，人造黑洞也引起了一些科学家的担心，它会不会越变越大，把整个实验室都吸引进去呢？

现在物理学界普遍认为这件事不可能发生，但也有一些人认为这种危险不可低估。

俄罗斯科学家亚力山大·特罗菲蒙科认为，能吞噬万物的真正宇宙黑洞完全可以通过实验室"制造出来"：一个原子核大小的黑洞，它的能量将超过一家核工厂。如果人类有一天真的制造出黑洞炸弹，那么一颗黑洞炸弹爆炸后产生的能量，相当于无数颗原子弹同时爆炸，它至少可以造成10亿人死亡。

专家认为这种说法不能当真，但人类有可能造出"反物质弹"。随着技术的进步，人们在地球上可以造出并储存少量的反物质，作为"反物质弹"的原料。"反物质弹"的原理是正常的物质与等量的反物质相遇后瞬间湮灭，变成光子，放出巨大的能量。也就是说，它将质量完全转变成能量。原子弹则不同，它只是很少部分质量转变成能量。所以，"反物质弹"如能造出，它的威力将是巨大的，会比原子弹要大得多。

番外："黑洞"带你去旅行

当哥伦布发现新大陆之后，英国、葡萄牙、西班牙的探险者们纷纷毫不犹豫地驾船前往新大陆探险。如今，科学家们则将探索的目光投向了遥远的外太空，星际旅行成为人类的梦想。

然而正如英国作家道格拉斯·亚当斯在其科幻著作《银河系漫游指南》中感叹的那样，"宇宙空间的浩瀚无际真是太令人难以置信了"。因为即使距地球最近的恒星——半人马座比邻星，距离地球也有约4.2光年远，这超过了地球和太阳距离的20万倍，相当于人类乘坐宇宙飞船往返月球5000万次的距离。

假如乘坐人类迄今为止最快的星际探测器——美国"旅行者"1号探测器离开太阳系，人类将在7.4万年后才能到达半人马座比邻星，星际旅行对人类来说无疑是痴人说梦。

人类如何才能在有生之年光顾那些以光年计的遥远星球？

早在1903年，俄罗斯物理学家特西奥科夫斯基就发现"星际旅行"的最大障碍是火箭的速度：火箭的最高速度只能达到其尾部喷气速度的2倍。人类至少要花12万年才能到达半人马座比邻星。如果人类想在有生之年抵达那里，飞船速度至少要再快上3000倍，而这种速度如果使用液态氢等燃料是绝不可能实现的。

最近，美国科学家推出了两套全新的星际飞船设计方案。

"暗物质"飞船

首先是2009年8月，美国纽约大学物理学家提出了用"暗物质"作为宇宙飞船动力的想法。

大多数天文学家都相信宇宙间有"暗物质"存在，宇宙中暗物质的总质量大约是可见物质的6倍，所以建造一艘"暗物质"飞船，显然不用太担心会缺少"燃料"供应。

暗物质飞船的不同寻常之处在于，它可以从宇宙中的暗物质粒子上获得能量，飞船本身不必携带任何燃料。

事实上，没人知道暗物质是由什么组成的。一种理论认为，暗物质是由不带电荷的中性伴随子组成。中性伴随子非常怪异，它们有自己相对应的反粒子，在特定的情况下，互相碰撞的两个中性伴随子会相互湮灭，并将全部质量转化为能量。根据推算，1000克"暗物质"粒子碰撞湮灭后释放的能量，相当于同等重量炸药能量的100亿倍，足够推动一艘星际飞船以难以想象的速度高速飞行。

根据设计方案，"暗物质"飞船的引擎相当于一个带有两扇门的大"盒子"，其中一扇门朝着飞船行进的方向，当暗物质进入"盒子"后，这扇门会关上，"盒子"会向内压缩，加快暗物质粒子的湮灭速率。一旦"盒子"中的暗物质发生湮灭，"盒子"上朝着飞船尾部的另一扇门就会打开，暗物质湮灭后产生的能量物质就会喷涌而出，从而推动星际飞船高速前行，这个过程可以周而复始地重复进行。火箭的飞行速度越快，它所获得的暗物质也会更多，速度也将不断提高。

为了抵达其他星系，星际飞船必须充分利用燃料的每一滴能量，在所有可行的飞船动力中，化学火箭的效率最低，它只能将质量的8%～10%转化为能量，即使核聚变也只能将1%的核子燃料转化为能量。而利用暗物质造出的反物质火箭却可以成为飞船动力的黄金标准，因为它可以将暗物质粒子的全部质量都转化为能量。

不过，"暗物质"飞船将面临一个小小的问题：迄今为止，人类还没有银河系中暗物质所处位置的详尽"地图"，目前银河系中已知的暗物质最密集区是在银河系中心。

用人造黑洞作为星际飞船

美国堪萨斯州立大学数学家路易斯·克兰却认为"暗物质"飞船很不现实，因为暗物质存在太多的不确定性，暗物质和正常物质的交互作用相当弱，它也许轻易就能穿过正常物质，这也是地球上的所有科学实验都从来没能捕捉到经过地球的暗物质粒子的原因。所以造出一个能捕捉和收集暗物质的"引擎盒子"，堪称是目前不可能完成的科技任务。此外克兰还认为，"暗物质"火箭将是非常危险的东西，克兰说："暗物质非常危险，如果它碰到了你的飞船，说不定会将你的飞船炸得无影无踪。"

克兰提出了更为"现实"的星际飞船设计方案——用人造黑洞作为星际飞船的动力！

克兰坚信，人造黑洞散发出来的"霍金辐射"将会成为星际飞船唯一的可选动力。20 世纪 70 年代，英国理论物理学家斯蒂芬·霍金就论证出了黑洞并非全黑，当其中的物质转化为亚原子粒子团时，黑洞便会"蒸发"从而出现"霍金辐射"，霍金辐射包含所有种类的亚原子粒子，但最主要的是伽马射线光子。克兰相信，"霍金辐射"将可以成为星际飞船遨游银河系的主要"动力源"。

根据克兰的方案，创造人造黑洞需要将庞大的能量聚集到很小的范围内，他建议用一个宽达 250 千米的太阳能板为一个巨大的伽马（γ）射线激光器"充电"，这个庞大的太阳能板运行在距太阳数百万千米远的轨道上，它需要花 1 年时间来吸收能量，最终在激光的焦点位置将会形成一个黑洞。由此产生的人造黑洞将重达数百万吨，但体积却只有一个原子核般大小。

科学家们接下来要做的事，就是设法将这个人造黑洞置入星际飞船后部一面抛物面镜的焦距内。"霍金辐射"产生的伽马射线光子经镜面反射而成的平行光束，将会成为推动飞船前行的不竭动力。

在什么样的情况下，大地会被灰尘覆盖，地球进入冰河世纪，生命从此终结？答案是：超级火山爆发。

据科学家推算，美国黄石国家公园每60万年就发生一次超级火山喷发，而上一次发生在63万年以前，因此，下一次爆发可能并不遥远。

第四章

超级火山爆发，地球能否逃过"死亡之劫"

比起我们曾经提到过的来自小行星的撞击，超级火山的爆发更是一种无法忽视的潜在威胁。

如果遇到超级火山大爆发，其产生的大量火山灰会在天空中长期停留，阻挡太阳光的照射。缺少了太阳光，植物将无法进行光合作用，也就无法制造出地球上大多数生命赖以生存的氧气，动植物将纷纷死亡，整个世界变成冰窖，进入永恒的严冬。

这样的推测并非空穴来风。早在7.4万年前，在今天苏门答腊所在的地区，就有一座火山以比1980年圣海伦斯火山爆发强1万倍的能量爆发了。当时，灰烬遮蔽了天空，高纬度地区气温直降21 ℃，整个北半球4/5的植物种类随之灭绝。

如今科学家们已经开始着手应对，对超级火山喷发可能对地球和人类社会产生的影响进行深入的研究。

超级火山——人类面临的最大自然灾难

所谓超级火山，是指能够引发极大规模爆发的火山。它的形成是这样的：在地表下有一个受压的熔岩海洋，它们要找渠道喷发出来，而规模巨大的熔岩喷发就将产生一个超级火山。

与普通的圆锥形火山爆发不同，超级火山是从巨大的峡谷中喷发出来的，火山口直径达数百英里（1 英里≈1.6 千米）。当地表下的岩浆喷到地面时，还会发生一连串猛烈的、巨大的爆炸。

据悉，超级火山爆发可以持续数天，能将方圆数百英里的人烧成灰烬，而火山灰则将覆盖一部分地表。随着空中火山灰越来越厚，阳光就被遮挡，全球气温下降，气候的改变，让数百万人因饥荒死亡，最终死亡人数可能达到 10 亿。因此，科学家将超级火山称为"人类面临的最大自然灾难"。

地球上的超级火山虽然非常稀少，但确实存在，并曾数次爆发。据英国地质学会报告，地球上每 5 万年就可能遇到一次"超级火山"喷发。上一次超级火山喷发发生在 7.4 万年前印度尼西亚的多巴，当时现代人类的祖先几乎全部丧生。而这样的火山喷发在不久的将来可能再次发生。

令人担忧的是，人类目前对超级火山了解甚少，因为我们无法亲眼看见超级火山的爆发。由于超级火山下面的熔岩面积非常大，使得火山的喷发时间很难预测。最近十多年来，科学家们才开始找到这些致命的"热点"，但其仍不知道所有超级火山的位置。

目前，科学家们已证实了近 40 个超级火山喷发的"热点"，其中一个正好位于美国著名的黄石国家公园地底下。

科学家们估计，黄石国家公园地区每 60 万年就发生一次超级火山喷发，而最近一次爆发是在 63 万年以前。因此，谁也不知道下一次超级火山爆发会在何时来临，以及人类是否能采取措施阻止它爆发或减小其破坏程度。

1. 恐龙灭绝是因为海底火山爆发吗

超级火山爆发是否会到来？何时到来？它又会给人类带来怎样的灾害？对于这些问题，人们还没有确切的答案。但是有人在对恐龙灭绝的原因进行研究时却发现：海底火山大爆发可能是导致恐龙灭绝的原因之一。

海底火山爆发

提出这一想法的是意大利著名物理学家安东尼奥·齐基基。

齐基基是一名理论物理学家，他认为，大规模的海底火山爆发影响了海水的热平衡，进而使陆地气候发生变化，影响了需要大量食物的恐龙等动物的生存。他说，如今海底火山爆发所造成的影响有目共睹，只是其影响程度相对于当年大规模的海底火山爆发要小得多。

齐基基说，人们过去对海底火山爆发的情况了解甚少，现在需要对这一现象进行认真研究。格陵兰过去曾被植被所覆盖，但全球性的海洋水温平衡变化造成了寒冷洋流流经格陵兰，使之成为冰雪覆盖的大地。由此可以看出，海洋水温的变化影响巨大。

因此，应将海底火山爆发等引起海洋水温变化，作为研究恐龙灭亡之类问题的一个参考因素。

齐基基的理论本是基于研究上的猜测，但最近科学家们的发现，却让人们看到了这一猜测的真实性。

经过研究，科学家们找到了证据证明大型火山爆发时由地球深处喷发出来的岩浆是造成恐龙灭绝的重要原因，并且这一理论已经得到了地质学界和古生物学界的广泛支持。

提出这一证据的是科学家格特·凯勒。凯勒与她的助手们经过长期的研究，证明早在恐龙灭绝前数百万年的时间里，印度洋海域的此类大型火山喷发就曾给

恐龙

周围的生态环境造成过毁灭性的打击。

格特·凯勒的发现是基于对沉积在海底的大量矿物进行的详尽分析。凯勒研究证明，火山爆发所喷射出来的炽热岩浆造成地幔因温度升高而变形、漂移。在地球火山活动的高发期，每一次大型火山爆发所喷洒出来的岩浆就能够覆盖方圆1000多平方千米的地表。如此规模的岩浆喷射持续了100万年200万年，在此期间火山所喷射出来的熔岩累积超过数百万立方千米。

直到今天，我们仍然能够在地球上找到七处此类大规模火山活动的遗迹，分别位于冰岛、夏威夷群岛、复活节岛、留尼旺岛、特里斯坦–达库尼亚群岛、美国的路易斯维尔市和埃塞俄比亚的阿法斯克州。

大约2亿年前，在今天的西伯利亚，一股巨大的熔岩从地壳下喷射出来，接着超大规模的火山喷发持续了数百年，致使地球上95%的物种遭到毁灭。这就是地质学上对二叠纪和三叠纪终结的解释，人们认为这是迄今为止地球历史上最惨重的灾难性事件。

2. 古文明的衰败——火山引起"黑暗世纪"吗

　　什么导致了所谓的"黑暗世纪"，是人类历史上最大的未解之谜。黑暗世纪从公元6世纪开始，止于12世纪，在那期间，全世界文明的基础崩溃，随之而来的是瘟疫、饥荒和战乱。

　　3000多年前，在地中海上曾经盛极一时的米诺斯文明衰败了。究竟是什么原因造成这个古代文明的衰败？这一切又具体发生在什么时候？这些已经成为困扰考古学界多年的难解之谜。

　　克里特岛是爱琴海上最大的岛屿，而米诺斯文明是克里特文明乃至古希腊文明的起点，以富丽堂皇、结构复杂的宫殿建筑闻名于世。

　　然而，这样一个强大的文明最终却不明不白地衰败了。对此世间存在多种猜测，有人认为它是被来自小亚细亚的蛮族摧毁了，有人认为它是与希腊城邦交战的结果，还有人认为它可能是遭遇了大地震。

　　如今，一段在地下埋藏了数千年的橄榄枝有望成为解开

米诺斯文明遗迹

这个谜团的钥匙。丹麦科学家在美国《科学》杂志上发表论文说，毁灭整个米诺斯文明的原因可能是 1 万年来最大规模的火山喷发。

科学家说，几千年前，锡拉岛上一座火山突然猛烈地喷发了，其喷发的烟柱上升到高空，火山灰甚至随风飘散到格陵兰岛、中国和北美洲。

火山喷发还引发了大海啸，高达 12 米的巨浪席卷了距离锡拉岛 100 多千米的克里特岛，摧毁了沿海的港口和渔村。火山灰长期飘浮在空中，造成一种类似核大战之后的核冬天效应，造成此后几年农作物连续歉收。米诺斯文明可能因此遭受了毁灭性打击，迅速走向衰败。

与普通的火山喷发不同，超大规模火山喷发很罕见，大约每 5 万年才会发生一次。但一旦爆发，就会将 100 多万立方千米的岩浆和碎片抛向空中。除此以外，还会产生云团和酸雨，它们能够在短时间内消灭地球上几乎所有的生物，幸存下来的生命最终也将在随后出现的 10 年地球严冬中逐渐灭亡。

3. 超级火山毁灭金星生命

对于地球上火山爆发的巨大威力及其对恐龙灭亡的影响，人类对超级火山已经有了比较清楚的认识，于是人们开始推想：是否其他跟地球有着相似物质构成的行星，也曾因为火山爆发而使生命灭绝呢？

在进行了深入的研究以后，英国科学家发表了惊人的见解：金星曾经是个与地球相似的生命花园，一样繁花似锦，但超级火山爆发使金星生命最终过早夭折。

长期以来，金星表面 464 ℃的高温、汹涌的火山岩浆、比地球大气压力高 10 多倍的二氧化碳大气层，让科学家不敢想象金星上有过生命。然而，英国伦敦大学的两名科学家在对金星表面照片进行长期研

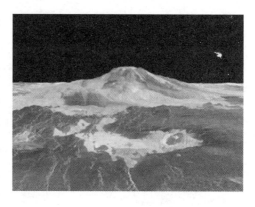

金星上存在活跃火山

究后提出：金星与地球曾是太阳系中蕴含生命的"双胞胎行星"，金星曾充满巨大的河流、深邃的海洋和丰富多彩的生命，是一场剧烈的火山大爆发，使金星生命遭受了灭顶之灾——火山爆发导致的温室效应使金星变成了现在的"地狱星球"。

提出这一观点的两位科学家分别是在行星研究和地质研究领域享有国际声誉的知名专家琼斯和皮克林，他们对卫星探测器传回的金星表面照片进行了大量研究，发现有足够证据表明金星表面存在一些河流模样的水道系统。其中一些河流系统造成的沟壑，跟亚马孙河一样长，它们在金星表面蜿蜒数千英里，然后在一片巨大空阔的凹陷平原前中止——其形态正如地球上的大江大河流入海洋一般。最有力的证据是，金星表面的河流状沟壑与凹陷平原之间存在三角洲，两位科学家一致认为，这种三角洲只能是由流入海洋的江水形成。

他们认为，如果从前的金星气候能够允许河流在它表面流动，那就意味着同样适合生命的繁衍，也就是说当时金星上存在生命是有可能的。

历代天文学家们都对离地球最近的金星怀有浓厚兴趣。太空探测卫星对金星 20 多次"探访"后发回的资料显示，金星表面

是"禁止任何生命居住的人间地狱"：表面温度达 464 ℃，上空被浓厚的硫酸云覆盖，表面有数百个不停喷发炽热岩浆和毒气的巨大火山，大气中是四季不变的凶猛飓风。

尽管金星如今已沦为"人间地狱"，然而科学家们相信在几十万年前，它上面可能是充满各种生命的田园牧歌式景象。一场全球性火山大爆发，引起金星大气的温室效应，结果金星表面温度越来越高，河流和海洋中的水最后被蒸发干净，致使金星生命灭绝。

在此之前，太空科学家一直认为金星上的沟壑是火山岩浆造成的。但是这两位科学家运用最新计算机技术，重新分析了图像后认为，这些沟壑实在太长，地球上有不少类似的火山岩浆类型，但没有一种能在亚马孙河那么长的距离中保持液态流动。所以，这就可以排除它们是岩浆的可能，从而说明金星上确实有过液态水，甚至形成过一定规模的河流。而正是这些河流的存在，使生命的萌发成为可能。

4. 生物的大规模死亡——酸雨会毁灭世界吗

在火山喷发产生的各种气体中，二氧化硫对环境造成的影响最大，它和氧气及水反应，产生微小的硫酸液滴。在超级火山喷发之后，这些液滴是阻碍阳光的主要物质，能使全球的气候变冷。由于全球的水循环需要很长时间才能将酸液滴全部洗去，许多超级火山的研究者预言，"火

酸雨造成的危害

山冬天"将持续几十年，甚至超过一个世纪。酸雨落到地面，会对植物造成直接危害，让农作物大幅度减产。如果超级火山在现代喷发，"火山冬天"若持续几年，人类恐怕就将面临没米下锅的悲惨境地。同时，全球会陷入长期寒冬，燃料也将成为大问题。

但是在最近一些年，少数科学家提出了相反的观点，他们认为酸雨和"火山冬天"似乎并没有那么可怕。

巨大的火山喷发产生的硫酸痕迹可以在南北极的冰雪中找到。1996年，研究格陵兰和南极洲冰核的调查者发现，7.4万年前多巴的超级喷发之后，两极地区的冰雪中的硫酸含量出现了高峰。那次喷发喷出了2800立方千米的熔岩和火山灰，使全球气温下降了5 ℃15 ℃。严寒的后果是严重的，但并不如过去想象的那么长久；冰雪中的硫酸痕迹仅过了六年就没有了；一些研究者甚至认为，硫酸痕迹也许只存在一两年。

或许"火山冬天"并不可怕，酸雨带来的影响是短暂的，这真是个好消息。但是研究者却警告世人，不要低估了超级火山的威力，它会在另一个"战场"上向人类发动袭击。

在过去五年里，科学家发明了一种新的方法，研究火山酸雨中的氧原子成分。火山喷发出的二氧化硫要转变成硫酸，必须经过氧化。换句话说，它必须从已经存在于大气中的某些其他成分中获得两个氧

乐山大佛遭酸雨侵蚀

原子。大气中的什么分子能够给二氧化硫提供足够的氧原子呢？

火山学家把目光落在了臭氧上。臭氧是一种由三个氧原子组成的气体分子，氧化其他物质的能力很强，由于能保护地球免遭危险的紫外线侵袭，臭氧名气很大。高空强烈的太阳辐射，让臭氧的形成十分特殊。人们发现，在臭氧分子中，氧的一种同位素——氧17的含量很高。

在史前黄石火山喷出的火山灰标本中，加利福尼亚大学的地球化学家首次发现了二氧化硫与臭氧发生反应的证据——臭氧中氧同位素的特征已经出现在生成的酸中。这种特征还保存在地面的硫酸盐化合物中，这些化合物是由酸雨与早已落在地面的火山灰发生反应而形成的。

这个发现说明，当火山喷发时，喷出的二氧化硫会消耗掉大气同温层中的臭氧。臭氧层中臭氧减少，将导致大量致命的紫外线到达地球表面，对生物造成严重的遗传损害。

极地冰核中的证据表明，1991年皮纳图博火山喷发导致地球臭氧层出现了3%8%的臭氧损失。但是假如有比这次事件强烈100倍的喷发事件出现，将会发生什么？假如超级火山喷发，臭氧层不可避免地会出现巨大空洞，紫外线从高空倾泻而下，这种影响比酸雨和"火山冬天"要长远得多，对生物界的危害似乎也更严重，生物的大规模死亡不可避免。

人们已经开始认识到超级火山的威力，可惜的是，不论人们了解了多少，都不能阻止一次超级喷发。目前面对超级火山的威胁，人类似乎只能祈祷。

地球火山是否进入活跃期

火山是熔融岩石上升，并从地表薄弱处喷涌而出形成的。全球至少有 534 座活火山，其中一些不间断地喷发着，有些已经在地下安静地沉睡了数百年。

科学家们多年前就证实气候变化与地壳活动之间有着紧密的联系，地壳对空气、冰层、海域的变化非常敏感。如今学者们更是达成共识：引发地壳活动，不需要环境发生巨大变化，一点微小变化就足够了。而近年来的气候异常已经让每个人深有体会了。

于是这些消息不禁让人联想到：地球火山进入活跃期了吗？世界末日临近了吗？

1. 黄石国家公园：难以预测的超级火山

英国科学家曾用计算机进行模拟演示：一旦美国黄石国家公园内的超级火山爆发，美国 2/3 的国土将面目全非，火山周围 1000 平方千米内 90% 的居民都无法幸免，在三四天内大量火山灰就会抵达欧洲大陆。

隐藏在黄石国家公园

美国黄石国家公园 1

美国黄石国家公园2

美国黄石国家公园3

地下的世界最大规模"超级火山"在过去多次爆发，最近一次大爆发约在63万年前。科学家自1923年起开始记录火山隆起的速度，黄石地区过去3年每年上升7.6厘米，速度之快前所未见。

但报道同时指出，由于数据不够全面，研究人员暂不敢断言第四次爆发何时发生，不过这座超级火山目前或许已进入喷发活跃期。

这也许有耸人听闻之嫌，但是大部分火山都位于地壳板块相接处，而美国黄石国家公园超级火山位于地球的"火山热点"，从这些热点喷涌而出的岩浆直接来自于地球最深处，所以黄石的一点点风吹草动都会让人惊出一身冷汗。

2. 意大利火山：埋葬欧洲

这是不久的将来有可能在意大利那不勒斯发生的一幕：一开始是数千次小型地震，剧烈的震动使建筑物上的空调坠落在地上，墙面上的瓷砖也从墙体上脱落。

种种迹象表明，这些地震不是那不勒斯市附近的维苏威火山引发的，而是由一座要大得多的火山引发的，这座火山位于世界上最大和最危险的火山地带——坎皮佛莱格瑞火山区。

当年的维苏威火山爆发摧毁了罗马古城庞贝，但是与坎皮佛莱格瑞火山相比，维苏威只算得上是沉睡巨龙背上的一个小脓包。一旦坎皮佛莱格瑞火山爆发，剧烈的爆炸将把数千亿立方米火山灰喷到大气里，这比 2010 年初冰岛埃亚菲亚德拉冰盖火山喷发猛烈 200 倍。炙热的气体和岩石会像飓风一样快速翻滚而来，所到之处，一切生命都会因窒息而死。

意大利火山

而坎皮佛莱格瑞火山自 1969 年开始，已经隆起了 3.05 米。

就在人们担心坎皮佛莱格瑞火山的时候，2011 年 1 月 12 日傍晚，意大利南端，欧洲最大、最高、最活跃的火山埃特纳持续喷发了大约 1 小时，炙热的熔岩映红了西西里岛的天空。所幸的是这次震颤并没给附近的城镇造成直接威胁。

3. 印度尼西亚：活火山最多

近年一直处于活跃状态的印度尼西亚布罗莫火山，在 2011 年 1 月 27 日再次喷出了高 600 米 ~ 800 米的浓烟和火山灰，炽热的岩浆也喷到了 200 米的高度。这导致由印尼首都雅加达前往巴厘岛的航班暂时中断，许多趁春节到巴厘岛度假的中国游客行程受到了影响。

前一年，2010 年，对印度尼西亚来说可以称得上是"火山喷发年"。首先是 8 月 29 日，苏门答腊岛上的锡纳朋火山爆发，1

印度尼西亚的火山爆发

印尼的锡纳朋火山爆发

万余名居民撤离。这是有记录以来锡纳朋火山的首次喷发。

位于爪哇岛上，最活跃的默拉皮火山一般每两三年都会小规模喷发一次，每10年~15年有一次大喷发。2010年10月25日和26日，默拉皮火山再次发威，火山斜坡周围半径10千米范围内的数千民众撤离，但至少18人在爆发的第一天因热火山灰造成的烧伤死亡。

到了11月5日，默拉皮火山喷发持续了大约3小时。由于火山喷发突然，又在午夜，因此造成很多已经回到火山脚下村庄居住的村民伤亡，至少10万人流离失所。

美国地质部门的数据显示，印度尼西亚总共拥有77座活火山，为世界之最。人类有史以来观察到的最大的火山喷发，是由位于印度尼西亚松巴哇岛上的坦博拉火山创造的。其在1815年的喷发造成约10万人死亡，导致了1816年全世界的"无夏之年"。

因为火山深深影响着印尼的生死存亡，所以当地形成了独具特色的火山文化。印尼人认为塞莫火山和布罗莫火山是通往地下世界的门户。这两处地方不仅塑造了印尼的自然景观，而且成了印尼人信仰和崇拜的对象，他们认为默拉皮是"宇宙的心脏"。

忠实的信徒常携带奉献给默拉皮火山的供品，抬着装满玉米、卷心菜、假钱和火山形状供品的担架，跟随着守山人登上山顶，然后将贡品倒在河里，以抚慰颤抖的默拉皮火山。

但是火山是最难以捉摸的神灵。位于爪哇岛的婆罗摩火山自2010年11月进入活跃期，12月23日火山口喷出高达1000米的白烟和火山灰，并发出如雷巨响。火山的巨响与浓烟使得附近的居民惊慌失措，纷纷逃亡避难，酒店也尽数关闭，当地旅游业陷入瘫痪。

4. 冰岛：火山温床

冰岛以"冰火之国"著称。2010年3月20日，位于冰岛南部的埃亚菲亚德拉冰盖火山开始喷发，这座被人遗忘已久的火山已经沉寂了将近200年。不到一个月，这座火山再次喷发。这两次喷发堪比1783年的斯卡塔火山喷发，那次火山喷发摧毁了冰岛的农业和渔业，并导致当时冰岛1/5人口死于饥荒。

冰岛火山爆发

埃亚菲亚德拉冰盖火山这两次喷发的能量并非超乎寻常，但是第二次喷发融化了大量的冰川冰。这些冰川冰将岩浆冷却，使其碎裂成细碎的粉尘，然后随着上升的火山烟柱飘向高空。这朵致命的粉尘云从北欧开始了长途跋涉，它向东南移动，覆盖了英国、荷兰、斯堪的纳维亚半岛，还有法国与德国的北部上空。4月15日，整个欧洲有五六千架次航班被迫取消，造成了二战以来最大规模的一次航空业瘫痪。

冰岛火山喷发后，科学家担心埃亚菲亚德拉冰盖火山喷发会加剧全球气候变暖，并且"唤醒"同一地区的卡特拉火山。卡特拉火山位于广阔的米达尔斯冰原下，一旦喷发，可能融化冰盖引发洪水，影响北大西洋海上交通。最严重的后果，是引发神话中挪亚时代的全球性洪水。

地球能否逃过"死亡之劫"

纵观2010年和2011年初的火山活动，除了以上提到的火山以外，俄罗斯堪察加半岛的两座火山、印尼的锡纳朋火山、哥伦比亚的加勒拉斯火山、危地马拉的帕卡亚火山、厄瓜多尔的通古拉瓦火山、哥斯达黎加的阿雷纳尔火山和图里亚尔瓦火山等也都非常活跃。

这些连续发生的灾难，唤醒了我们原本对火山略显麻木的神经。全球火山进入活跃期了吗？如果有一天地球上有数以千计的大型火山集体发难，那么我们又将如何应对？看着远去的庞贝古城，我们居住的城市是否有一天也会被后人作为遗迹参观呢？地球能否逃过火山的死亡劫杀？我们拭目以待。

1. 火山爆发类型

"超级火山"将在何时爆发呢？地质学家发现，在地球史上，曾经发生过三次这样的火山爆发，其爆发的时间很有规律。第一次，是在 200 万年前，随后是在 140 万年前，最后一次，是在大约 63 万年前。假如它真的遵循过去的规律，每隔 60 万年左右爆发一次的话，可能很快就到时候了。由于人们还从来没有机会现场观察过"超级火山"的爆发过程，所以，也不知道爆发前可能会出现什么样的征兆。

是不是会有大大小小的地震作为前兆，还是会发生小型的气体喷发，或者什么前兆都没有就突然来了一个超级爆炸？其爆炸声在世界各地都听得到。全球的天空将会灰暗下来，天上将会下起黑雨，地球上将是一派荒废景象。这就像经历了一场原子战争，只是没有放射性。

地球上已知的最后一次超级火山爆发，发生在大约 7.4 万年以前，"发怒者"是苏门答腊岛上名为"多巴"的超级火山。今天人们还能够看到一个长 100 千米、宽 60 千米的破火山口，里面充满了湖水，它就是如今印度尼西亚最大的内湖——多巴湖。多巴火山爆发后，天空灰暗，地球上的气温平均下降了 5 ℃，且持续多年，地球北部甚至下降了 15 ℃。进化学家认为，当时人类差一点就被灭绝，只有少数的一群人幸存，保住了人种。

火山学家将火山爆发分为几种不同的类型，有的以爆发的火山名命名，有的以喷发物形成的形态或火山所在地命名。以下是火山爆发的几种最常见类型。

夏威夷式火山爆发

夏威夷式火山爆发时，玄武质熔岩流通过火山口、火山顶上和火山侧翼处的裂缝喷射而出，这种喷射可持续数小时甚至好几天，这种现象通常被称为"火泉"。从"火泉"中喷溅而出的炽热熔岩碎片融熔在一起，形成熔岩流或被称为"寄生熔岩锥"的小丘。在"火泉"喷发或暂停喷发时，熔岩流可能从火山口喷涌

夏威夷式火山爆发

而出。熔岩流的流动通常十分顺畅，从源头出发一泻数千米后，才渐渐冷却变硬，最终变成固态熔岩。

夏威夷式火山喷发之名源自于夏威夷岛上的基拉韦厄火山，它以壮观的"火泉"喷发而闻名。其中最为突出的两次喷发是：1969 年1974 年基拉韦厄火山侧翼的冒纳乌卢火山口的爆发，以及 1959 年基拉韦厄火山顶上的伊吉火山口的喷发。在这两次爆发中，熔岩喷涌高度达 300 米以上。

斯特龙博利式火山爆发

在斯特龙博利式火山喷发中，流动的熔岩（通常为玄武岩或安山岩）会从充满熔岩的火山口裂缝中喷涌而出，或者有规律地每隔几分钟喷发一次，或者以不规则的间隔喷发。其喷发的熔岩伴随大量的火山气体，顺着火山内部裂隙形成的管道一直向上，最后从火山口或火山裂缝处喷射到几百米的高空。

斯特龙博利式火山爆发

这种类型的火山爆发可形成多种形式的喷发物：玻璃质熔岩、泡状熔岩、从几厘米到数米大小的熔岩块、灰渣和小熔岩流等。

斯特龙博利式火山爆发往往与火山内部通道中形成的小熔岩湖有关，属于较小规模的爆发性火山爆发。但如果熔岩流达居民聚集地，仍然是十分危险的，所造成的后果也是非常严重的。

斯特龙博利式火山爆发之名源自于意大利的斯特龙博利岛，那里有数个活火山喷发口。这种类型的火山喷发十分壮观，特别是在晚上，从火山口喷涌而出的熔岩火光闪耀，气势恢宏，堪称大自然之奇观。

叙尔特塞式火山爆发

叙尔特塞式火山爆发是水下火山的岩浆喷发，即岩浆在与水环境的交互作用中喷发。大多数情况下，当水下火山最终集聚起足够的能量突破水域表面时，即会发生叙尔特塞式火山爆发。由于水在变成蒸汽时体积会膨胀，所以水与炽热的熔岩接触时会产生爆炸，形成火山灰柱、蒸

叙尔特塞式火山爆发

汽和灰渣。叙尔特塞式火山爆发产生的熔岩通常为玄武岩，因为大多数海洋火山都是由玄武岩构成的。

叙尔特塞式火山爆发的一个典型例子是冰岛南部海岸的火山岛叙尔特塞火山的爆发，它于 1963 年1965 年喷发。在火山爆发的前几个月内，火山活动堆积起了几平方千米的火山灰，使海水再也无法抵达火山口，于是火山喷发的类型转为夏威夷式火山爆发和斯特龙博利式火山爆发。

武尔卡诺式火山爆发

武尔卡诺式火山爆发是一种短暂、猛烈但规模相对较小的黏

武尔卡诺式火山爆发

性岩浆喷发。这种喷发通常是火山熔岩管道堵塞，或黏稠熔岩在火山口形成熔岩穹丘，使火山积蓄巨大能量之后猛烈喷发。武尔卡诺式火山喷发产生猛烈的爆炸，让各种火山物质以超过 350 米/秒的速度抛射到几千米的空中。这种类型的火山喷发会产生火山灰、火山灰云及火山碎屑流（由炽热的火山灰、火山气体和熔岩形成的流体）。

武尔卡诺式火山爆发可能会反复喷发，持续几天、几个月甚至几年，也可能是一次更大规模火山喷发的前奏。武尔卡诺式火山喷发以意大利一座名为武尔卡诺的岛屿命名，那里的一座小火山曾经历过这种类型的喷发。

普林尼式火山爆发

所有火山爆发中，规模最大最猛烈的喷发类型是普林尼式火山爆发。其由瓦斯岩浆的碎片引发，通常与黏稠的岩浆（英安岩和流纹岩）有关，喷发时释放巨大的能量，会产生巨大的火山灰柱，并以几百米/秒的速度喷射到 49 千米以上的空中。喷发出来的火山灰可飘散到离火山数百甚至数千千米之外的地方。喷发的火山灰柱呈蘑菇云状，与核爆炸形成的蘑菇云十分相似，

普林尼式火山爆发

或呈意大利松树状。

罗马历史学家小普林尼于公元 79 年目睹了维苏威火山喷发之后，对火山爆发的类型进行了比较，普林尼式火山喷发就是以这位历史学家的名字命名的。

普林尼式火山爆发破坏性极大，次喷发甚至可以抹去一座火山的整个顶部，就如 1980 年圣海伦斯火山喷发时所发生的。

普林尼式火山喷发产生的火山灰、岩屑和浮岩，可流达几千米之外。火山碎屑物形成的高密度熔岩流可夷平森林，从基岩层上带走土壤层，湮灭所经之路上所有的一切。这种类型的火山喷发往往不喷则已，一喷惊人。一次声势浩大的普林尼式火山喷发将岩浆清空之后，火山随即会进入一段不活动的平静时期。

熔岩穹丘式火山爆发

当非常黏稠的碎石状熔岩（通常为安山岩、英安岩或流纹岩）从某个火山口挤压出来，但没有形成爆炸的时候，就会形成熔岩穹丘。熔岩堆积起来，呈穹顶形，并随着内部熔岩不断被挤压出来，类似牙膏从牙膏管中被挤压出来，且会不断膨胀增大。

这些熔岩穹丘有的低矮呈分散状，有的细长，甚至能一直堆积到几十米高才最终崩塌。熔岩穹丘形状多样，有圆形、薄煎饼形、不规则的岩石堆，这取决于形成熔岩穹丘的熔岩类型。

熔岩穹丘式火山爆发

熔岩穹丘式的火山爆发并不只是形成一堆堆不活动的岩桩，它们有时会崩溃，形成高密度的火山碎屑流，挤压出来的熔岩流会产生大型或小型的喷发，有时甚至能完全毁去形成的熔岩穹丘。形成熔岩穹丘的火山喷发可能会持续几个月或几年，通常重复发生，并在多次反复地形成和摧毁熔岩穹丘之后，喷发才完全停止。

美国阿拉斯加的里道特火山和智利的沙伊顿火山就属于这种火山爆发类型，这两座火山目前都处于活跃状态。另外，美国华盛顿州的活火山圣海伦斯火山在近年的活动中也形成了多个熔岩穹丘。

2. 火山监测技术

尽管火山爆发具有复杂性和不确定性，但今天的科学家已经可以用许多新技术研究火山活动并进行监测，以深入了解火山活动的规律。常用的火山监测方法有四种：水文学研究、地表形变测量、地震勘察和气体排放监测。

水文学研究

监测与火山活动相关的水文数据，对于了解火山泥流和地表

火山监测新设备

水接触到岩浆时所产生的蒸气岩浆爆发非常重要。火山泥流会顺着火山原有的沟壑往下流，所以了解水流如何经过这些沟壑可以确定火山泥流的流向。为了能够预测到火山泥流的流向和流速，水文学家、地质学家和火山学家致力于这一领域的研究合作。这一研究还可让人们了解活火山下的地面水流情况，帮助减轻因意外蒸气岩浆爆发导致的灾害。

地表形变测量

当岩浆从地壳中上升到火山通道中时，会对火山周围的斜坡产生巨大的压力，斜坡会随着岩浆的增加或减少而隆起或凹下。这个地表变形的过程可以用一种多功能仪器检测出来，这就是倾角测量仪。和木匠使用的水平仪的工作原理相同，倾角测量仪是被放置在火山斜坡上的装有液体的小容器，倾角测量仪会将测到的所有数据传送给计算机，因为任何一点细微的变化都可以给火山学家提供重要的信息。

如今，装有全球定位系统（GPS）的倾角测量仪已用于监测一些活跃的火山。一旦火山地表发生变化，所测得的变化数据很快会输送到火山学家的手中。

地震勘察

测量火山的地震活动是最古老、最常用的监测火山的方法。当岩浆上升冲破岩石，推动火山的斜坡时就会产生地震波，即我们所说的地震。最活跃的火山每天会产生很多次地震，火山学家对这类地震信号已经非常熟悉。不过，如果探测到一座火山的地震信号发生了变化——大小和频率都在增加，这对火山学家来说，就是一个红色警报，意味着这座火山变得更活跃了。

气体排放监测

监测火山气体排放也是一种常用的技术。随着岩浆上升，火山内部的压力减小，火山会释放出各种岩浆气体。常见的两种火山气体是二氧化硫和二氧化碳。火山学家用一种放置在野外的气体收集仪器将这些气体收集在瓶子里，然后带回实验室进行检测，或者通过人造卫星等遥感仪器进行检测。

3. 对人类威胁最大的火山

地球上有很多火山，但对人类威胁最大的有以下几座。

智利柴滕火山

智利南部的柴滕火山休眠 9000 多年后，于 2008 年 5 月苏醒，

开始一系列的火山喷发，喷射出来的火山灰冲向天空几千米高。此火山以柴滕镇命名，此镇距离此火山 9.6 千米，全镇被降落的火山灰和洪流毁坏殆尽，镇上 4500 人只得远离家园。此火山喷发表明，休眠火山具有地狱般的危险。

智利柴滕火山爆发

意大利维苏威火山

维苏威火山是意大利乃至全世界最著名的火山之一，位于那不勒斯市东南，海拔 1280 米。其最为著名的一次喷发是公元 79 年的大规模喷发，灼热的火山碎屑流摧毁了当时极为繁华的庞贝古城和海滨城市赫库兰尼姆。尽管具有这样的历史，仍有数百万人

意大利维苏威火山

依然生活在此附近，使维苏威火山成了世界最危险火山的重要"竞争者"。科学家担心灾难性的火山喷发会喷射出大量滚烫的富含气体的岩浆、水蒸气和火山碎片，威胁人类的安全。

墨西哥波波卡特佩特火山

波波卡特佩特火山是世界上活跃的火山，墨西哥首都墨西哥城位于波波卡特佩特火山以东。几百万人口的波布拉镇则位于波波卡特佩特火山以西。科学家表示，此火山喷发时喷射出的火山灰会蒙住天空，并喷射出巨大的泥流冲入狭窄的山谷，结果将是灾难性的。此火山自从 1920

墨西哥波波卡特佩特火山

年和 1922 年活跃过之后，至今一直较为安静。现在，此火山时有小规模的喷发，当地政府下令民众撤离，以防止波波卡特佩特火山发生严重喷发时引发灾难。

印尼默拉皮火山

默拉皮火山在印度尼西亚的爪哇岛，是一个锥形火山，是世界活动性最强的火山之一。自从 1548 年起，它已经断续喷发了几十次。"默拉皮"在印度尼西亚语中的意思就是"火山"。火山距离日惹市相当近，山麓居住着几千人，有的村庄在海拔 1700 米的高处，由于其威胁人类居

印度尼西亚默拉皮火山持续喷发

住地的安全，被国际地球化学和火山学协会列为应当加强监督与研究的全球 16 座火山之一。

113

刚果尼兰刚戈火山

熔岩流和白色炽热物都是罕见的致命因素，但人们一般都能从这一危险中逃脱。然而，刚果尼兰刚戈火山的熔岩流就不这么容易对付了。2002年，尼兰刚戈火山熔岩流突然以96千米/时的速度喷发，流入50万人口的戈马镇，造成严重伤亡。现在，科学家担心此熔岩

刚果尼兰刚戈火山爆发

流会再次突然喷发，导致更加严重的灾难。

哥伦比亚内华达德鲁兹火山

虽然1985年11月13日发生的内华达德鲁兹火山喷发强度相对比较小，但其伴随融化了的冰雪、泥石流，导致了2.3万人死亡，并毁灭了阿尔梅罗镇，从而成了哥伦比亚最严重的自然灾难。这次的火山爆发使人们意识到一个危险的事实：居住在世界火山地震带上

哥伦比亚内华达德鲁兹火山爆发

的人口增长得太快了。1845年，内华达德鲁兹火山发生的一次剧烈火山爆发只造成了700人死亡。科学家担心，当此火山再次喷发时，预警系统起到的作用会减少。

日本富士山火山

日本这个岛国有100多处火山，每年都有一些火山喷发。这

里提到的富士山火山自从
1707 年以来就没有再喷发
过。虽然富士山火山安静
了，但这仍然威胁到了有
几千万人口的东京，因为
东京距离富士山只有 112
千米。2004 年，日本政府

日本富士山火山

研究表明，此灾难性喷发一旦发生，将会造成多达 200 亿美元的
损失。

美国雨人山火山

美国华盛顿的雨人山火山，每年吸引太平洋西北地区的许多
人前来观看。科学家认为它也是个巨大的威胁，有几百万人生活
在它的阴影下。虽然此火
山喷发会提前发出简单的
警报，但岩石、尘埃和气
体会触发火山泥流，让这
里的居民只有 10 分钟15 分
钟的时间逃离。与火山为
邻的人们面临巨大的威胁。

美国雨人山火山

"末日粮仓" ——保留人类最后一份口粮

位于北冰洋的挪威斯瓦尔巴群岛，是地球上有人居住的最北
的群岛。6.12 万平方千米上，只有几千常住人口和几千头北极
熊。2007 年以前，北极熊是岛内最大的生物群体。现在，比北极

熊和人总数更多的生物是种子。

这不是一般的植物种子，是全人类未来的口粮。

1. 一座冷冻的伊甸园

这座名为斯瓦尔巴的全球种子库，建在挪威斯瓦尔巴群岛一座山的山体内，深藏于极地永久冻土中，距北极点大约 1300 千米。2008 年 2 月，种子库正式开放，欧盟委员会主席若泽·巴罗佐，2004 年诺贝尔和平奖得主、肯尼亚环保人士旺加里·马塔伊和挪威首相延斯·斯托尔滕贝格等出席了启用典礼。

整个种子库的建造工程耗时 2 年，2006 年 6 月种子库正式破土动工，经过长达 1 年多的艰苦作业，建造者在斯匹次卑尔根岛的一座冷冻山脉挖掘出一条深达 400 英尺（约 122 米）的隧道。现在，游客可以通过一条稍微倾斜的踏板进入山洞入口，经过一条由钢筋水泥建造的长约 40 米的通道，即可见到 3 间并排的独立冷藏室。由于隧道内温度很低，每个冷藏室的金属门上都覆盖着冰霜。

从外面看，冷藏库只是一个从山体中伸出的数十米长的入口通道，由钢筋水泥建造。金属大门上方安装着一个冰晶形状的大型玻璃装饰物，在灯光照耀下发出幽蓝的冷光。

落成典礼举行时，有关方面就地取材，利用当地到处都有的冰雪装饰冷藏库入口。他们将雪堆成因纽特人的圆顶冰屋形状，还用冰块制作了北极熊冰雕。一名工作人员背着步枪守在门口，他说他的工作除了阻止不请自来的参观者外，还要防止北极熊来捣乱。

挪威农业大臣泰耶·里斯·约翰内森称这个种子库为"斯瓦

尔巴群岛上的挪亚方舟"，因为建造这个种子库的目的是为了能在发生作物流行病、核战争、自然灾害或气候变化的情况下保证世界农作物的多样性；在农作物被各种灾难袭击时，让世界有重新种植农作物的机会。

欧盟委员会主席巴罗佐则干脆地表示："这是一座种子的伊甸园。"

在专家们看来，如果农作物真的灭绝，或许整个世界的文明也将终结。

2. 种子银行的后备，世界上最安全的地方

分布在全球的 1400 多家种子银行其实很"脆弱"，它们除面临国家内战和自然灾害的威胁外，还缺乏充足的资金、完善的管理和先进的设备。阿富汗和伊拉克的国家种子银行就因为战争而遭到毁灭。

早在 20 世纪 80 年代，为保护农作物的多样性，国际社会一直在构想种子库的概念。在农作物种类日渐减少的情况下，《国际粮农用植物遗传资源条约》生效，种子库的概念终于落地，开始实施。迄今为止，北欧基因银行已存入超过 300 类种子样品。此外，来自南非共同体的种子样本，也被放在这里安全收藏多年。预计未来，无论是来自北欧还是非洲的储藏，都将被转移到斯瓦尔巴群岛"全球种子库"。

种子收集工作由全球农作物多样性信托基金组织进行。"进入种子库的种子是来自全球种子银行的所有品种的备份。"信托基金工作人员说，"我们现在建造的种子库，就是种子银行的后备。"

全球种子库的首要特点就是安全坚固。种子库的外围是厚达1米的水泥墙，此外库内还配备有防爆破门和两个密封舱，甚至可以抵御原子弹爆炸，其安全性堪比美国肯塔基州国家黄金储藏地纳克斯堡。由于种子库比海平面高出130米，因此丝毫不用担心全球气候变暖导致格陵兰岛和北冰洋的冰层融化而将它淹没。

种子库的每个冷藏室约270平方米，内有金属架，可存放150万个样本容器。3个冷藏库将容纳大约450万个编有条形码的植物种子样品。这些种子包含了世界上所有已知的作物种类，是由各地农民在1万多年中选育出来的宝贵食用植物。

库内用来包裹种子的是一种银色的新型种子袋，名叫"劳斯莱斯种子袋"，每袋包裹有500粒种子。它由特殊金属箔片和其他先进材料制成，可以让种子在干燥和冷冻的状态下长久保存。

在如此温度环境下，小麦、大麦和豌豆等重要农作物种子可持续保存长达1000年。其中，储存最久的是高粱，大约能存放1.95万年。

为了确保安全，银行还采取了一套强有力的安全系统。比如，种子在特殊的四层胶合板包装的密封袋里，通过隔绝热量传达的方法，彻底消除水分进入导致种子变质的隐患。

2007年9月，这个世界上最安全的种子库，开始接收来自世界各地的种子。不久，"全球种子库"就接受了一次大自然的考验。2008年2月21日，当地发生了一次里氏6.2级的地震，种子库内的冷藏室安然无恙。

"即便断电，种子库周围的冻土还能够确保低温持续200年之久，哪怕是气候剧变也不用担心。"谈到种子库的寿命，建筑施工队队长表示，"它和埃及的木乃伊一样长寿！"

番外：揭开超级火山的神秘面纱

目前，全球每年大约有 50 次火山爆发，最著名的活火山有意大利的维苏威火山、菲律宾群岛的皮纳图博火山及美国的圣海伦斯火山等。

然而，与另一种极具破坏性的火山——超级火山——相比，这些“威震四海”的普通火山简直不值一提。

四位在专业上各有所攻的科学家，从不同的领域出发，循着蛛丝马迹，最终殊途同归地追踪到地球有史以来最大的一次超级火山喷发，其喷发现场足以令神怪小说中描写的“地狱”也相形见绌。

一个石破天惊的秘密

为了及时了解格陵兰岛冰层的变化情况，科学家每年都要到北极圈冻土地带采集冰层信息。这些冰层是 10 多万年以来由无数次的降雪堆积形成的，每一次降雪都记录下了当时大气中相关化学物质的构成情况。随着时间推移，片片雪花在重压下变成冰层，冰层逐渐加厚，如今已经超过 1600 米。

气象学家格雷是一位解读古老冰层信息的高手，他可以通过分析某地区冰柱的“年轮”，破译此地相关年份大气中化学物质的变化情况，还可以据此进一步分析出该地区气温及气候的阶段性变化情况。然而，在北极，格雷遭遇了平生中的第一次打击——一块有着数万年历史的冰块中所蕴藏的信息，颠覆了他头脑中有关冰层研究的原理。

这块记录着几万多年前信息的冰块显示：在当时的大气中，充斥着一种剧毒物质——高浓度硫酸。通常，大气中的硫酸物质含量非常低，可这块冰显示，当时在大气中有几千兆吨硫酸，数量大得惊人，大致相当于目前全球每年所有工业含硫物质排放总量的 25 倍！

格雷的发现引起了相关研究者的关注：距今几万年前，地球上巨量的硫酸物质从何而来？又是如何被释放到大气中的？在黄色的毒雾笼罩下，地球生命经历了怎样的灾难？简而言之，我们的地球家园在当时究竟遭遇了一场怎样的巨变？

当时，格雷并不知道，在数千千米之外，海洋深处的一个意外发现也令科学家们感到疑惑不解。和格雷一样，地质学家麦克·雷皮诺也在研究地球的气候变迁史，但他不是在冰雪中，而是潜入深海，通过研究洋底沉积物质来寻找破译气候的密码。

雷皮诺比照全球不同海域的采样，发现有孔虫外壳的沉积物中氧同位素比率普遍比较稳定，这说明海洋的水温在相当长的时间内变化不大。然而，有一天，雷皮诺发现了异乎寻常的情况：在地球历史的某一时期，氧同位素比率一反常态——海水温度骤然下降，短短几千年间（相对于地球 45 亿年漫长历史而言），海水温度竟下降了近 6 ℃。

从常理上推断，这种突如其来的变化绝不可能是气候更替造成的，因为气候引起的水温变化通常更为缓和，变化趋势也更具持续性。这种急剧的变化仿佛是有"一只手"拨弄了开关，把全球气候由炎热一下子带入寒冷。如此看来，在气候突变的背后，一定有一场巨大的灾难。雷皮诺推测，该变化的源头有可能是寒冷冰期的突然降临。

按照雷皮诺的推算，这次全球海洋水温的陡降大约发生在距今几万年前，这恰巧与格雷发现的奇怪现象（大气中含有超量硫酸物质）出现的时间一致。两个研究领域毫不搭界的科学家，两个毫不相关的异常自然现象，在同一时间点交汇，这仅仅是一种巧合吗？

一般来说，能够造成全球性气候突变的自然因素屈指可数：一种可能是小行星，因其在撞击地球的瞬间，会造成大量尘埃物质弥漫在大气层中，遮挡阳光，导致地表热量减少，不过，小行星撞击地球不会生成硫酸物质；另一种可能是火山喷发，火山喷发会生成污染大气的硫酸物质。

但问题是，在人类有史以来对火山的所有记录中，即便是规模最大的火山喷发，生成的硫酸物质顶多也只是格雷测算总量的一小部分。如果火山喷发能使气温迅速下降并让有害气体遍及全球，那么这座火山爆发时的猛烈程度必然远远超出有案可查的所有火山，其威力甚至是它们的数千万倍。

如此宏大规模的火山爆发真的存在吗？又一位科学家走进了这个神秘的领域。

神秘火山何处藏身

约翰·维斯特是一名资深的火山勘探专家，他擅长通过火山灰辨识火山喷发的源头，进而了解全球火山的活动情况。只要给他一定数量的火山灰，他就有本事准确地告知此样本采自哪一座火山。整个过程类似于科学家凭借 DNA 信息进行身份鉴定。

在维斯特看来，每一座火山喷发出的火山灰都是独一无二的，源头不同，火山灰中岩石碎片和各种矿石的混合比例情况也不同。在过去几十年间，维斯特借助火山灰成功地对散布全球的火山逐一对号入座，赢得了业内人士的认可。但是，在1990年，维斯特突然遇到了难题。

维斯特在对一批样品进行分析时吃惊地发现，这些采自世界不同地区的火山灰竟然在化学成分、构成比例等方面表现出惊人的相似性，仿佛这些火山灰都是来自同一个火山喷发的现场。通常，火山在喷发过程中释放出的火山灰最多分布在周边方圆几百千米区域内，但这些火山灰采集点至少散布在方圆 6400 千米的区域内。

维斯特想，如果所有这些火山灰都源自同一次火山爆发，那么这座火山一定是人类历史上威力最大的一次喷发。为了求证这次超级爆发是否真实存在，他通过裂变追踪测量技术对这些火山灰的"年龄"进行测算，测算结果令他大吃一惊：这些相距数千千米的火山灰样品竟不约而同指向了同一个时间——距今几万年前！

真是无巧不成书。

几万年前真的有一场空前的火山爆发吗？维斯特所要做的，就是亲自把这座火山找出来。

维斯特和他的同事们首先在世界范围搜寻符合条件的候选火山。他向分散在世界各地进行火山考察的同行们发出请求，请他们采集各地的火山灰样本。一次火山研究领域最大规模的火山搜寻活动自此拉开帷幕。

超级火山终于现身

时光流逝，此后数年间，维斯特和他的同事们坚持不懈地对进入候选名单的火山进行验证，却始终没有发现与神秘样本相匹配的。维斯特甚至一度怀疑是否真有这样的火山存在。

1994 年春天，维斯特又得到一份特别的火山灰样本。说它特别，是因为样本来自东南亚境内，紧靠多巴湖沿岸的热带丛林。

多巴湖位于印尼苏门答腊岛的北部，沿岸生长有大片的热带丛林，是南半球现存最大的一片原始自然景观，据说在太空中执行任务的航天员用肉眼即能看到。多巴湖最显著的特征是，湖的直径超大，湖面两端的最大距离有 100 多千米，湖水深度在 30 米以上。

为了查明多巴湖的形成过程，研究者运用深度探测仪制作出湖底的剖面图，结果发现多巴湖湖底突然垂直向下跌落了40多米。大多数湖泊的底面走势通常是从岸边缓缓下降，多巴湖显然不符合这个规律。此外，多巴湖的最深处约175米，这也是一般湖泊达不到的。种种迹象显示，多巴湖绝非寻常的湖泊。那么，是什么原因导致湖底的垂直下落呢？

多巴超级火山爆发模拟图

科学家彻斯纳尔在多巴湖里发现了大块的浮石、石英晶体、黑云母等，这些矿物通常只出现在火山喷发以后，与熔岩活动有着密切的关系。从多巴湖湖底到湖面以上的悬崖，这些矿物随处可见，此现象说明当时熔岩的数量巨大，粗略

多巴湖原是古代火山口遗址

估算，比目前已知的最典型的火山喷发多出数千倍。

在对多巴湖湖底沉积物样本进行仔细研究后，维斯特得出结论：此样本与神秘样本几乎完全相同。

就采样的地点而言，这些样本分散在亚洲各地，彼此相隔数千千米；就化学构成而言，这些样本几乎完全相同，且形成时间都无一例外地指向距今几万年前。

最新研究表明，这座距今几万年前爆发的火山只可能是超级火山。超级火山爆发的威力空前，在短短数日之内，倾泻了至少240立方千米的岩浆。在有史以来的火山爆发的记录中，没有能与之匹敌的，即使是20世纪规模最大的火山喷发——1980年的圣海伦斯火山爆发也无法与超级火山的爆发相提并论。

多巴超级火山的爆发究竟对当时的地球生态造成了怎样的影响？距今几万年前，人类的祖先逐渐从非洲向外迁徙，其中一支来到亚洲，但分布比较稀疏。当时这里仍是所有动物共有的乐园，直到多巴超级火山突然爆发。这场突如其来的灾难几乎夺走了周边地区所有人类、动物及植物的性命，据称，最后仅有数千人在这场灾难中幸存。

如果说火山灰是直接致命的因素，那么火山喷发出的大量硫化物，则是造成当时气候急剧恶化的罪魁祸首。硫化物一路爬升到高空，与空气中的水分子混合，生成液态的硫酸微粒。这些微粒聚集在一起形成反光层，使天空呈现出刺眼的光亮，并将太阳光散射回太空，地表因得不到太阳光的照射逐渐变冷，最终被拖入漫长的冰期。有数据显示，多巴超级火山的爆发在很大程度上主导了当地气候的变化，使之在随后的一千年中气温持续下降，甚至在下一个千年间使地球进入了"冰川时代"。

人类无法预知地球是否会再发生一次类似 1923 年关东地震那样的地震。在那场地震中，340 万人受灾，经济损失达 65 亿日元。科学家估算，如果人类再遭受一次类似的大地震，世界股票市场将如"自由跳水"，欧洲和美国经济将彻底崩溃。

地震引发的"蝴蝶效应"

地震，强大到可以在几秒钟内把一座城市夷为平地，比一颗原子弹更具有破坏力，足以使地球裂开。地震是自然界最具有颠覆性的力量。

2011 年的东日本大地震及其所引发的海啸、核泄漏等惊心动魄的画面，通过各种媒体，轮番轰炸着人们的心灵。它让每一个人敬畏生命，让每一个人学会坚强。

灾难的发生——触目惊心的地震

日本时间 2011 年 3 月 11 日 14 时 46 分，如果你能俯瞰地球，就会发现在这个瞬间日本本州岛向东移动了 2.4 米。这一天地球自转加快了 1.6 微秒。

在这两个数字背后，是日本历史上发生过的最强烈地震，也是 1900 年以来全球发生的第四强震。

作家川端康成说过："没有什么形象，比关东地震时逃亡者那源源不断的行列，更能激荡我的心。"

1. 地震频发——"地球调成震动模式"

人类有文字记载以来，就有对地震的记录。有人说地震是和地球相伴而生的，地震是地球的呼吸，但是它也给人类带来毁灭性的灾难。那么，地震究竟是如何产生的呢?

一些科学家认为地震是由于地球体积不断增大引起的，他们解释说：地球最初的直径只有现在的 55% ~ 60%。由于地球内部的原因，如温度的变化、冰层的融化导致地球体积增加，从而引起地球表面板块破碎并且互相分离。大量的水充溢于板块之间形成海洋，而地球板块的破碎分离产生了地震。但也有人说，地球其实是在逐渐缩小，那么这个基于地球体积不断增大的地震形成理论就不成立了。

现在比较认可的学说是"板块构造说"。这个学说认为，全球岩石圈由六大板块组成，板块的相互作用是地震发生的基本原因。虽然板块构造说为研究地震成因提出了一个新的方向，但地震产生、发展的全过程，人们并不清楚。

灾难的发生是每个人都不愿意看到的，但有时也是无法避免的。地震是人力不可抗拒的灾难，地震频发，以至于流传出一种形象的比喻："地球调成震动模式"。

原因不明的里斯本大地震

里斯本大地震开启了人类对地震研究的大门。1755 年 11 月 1 日上午 9 时 40 分发生在葡萄牙首都里斯本的大地震,是人类史上破坏性巨大、死伤人数众多的地震之一,此次死亡人数为 6 万至 10 万人,而大地震后随之而来的火灾和海啸几乎毁灭了整个里斯本。

这次大地震和海啸使里斯本 85% 的建筑物被毁,其中包括一些著名景点、教堂、图书馆和很多 16 世纪葡萄牙的特色建筑物,如里斯本大教堂和嘉模修道院等。即使在地震中幸存的建筑物最终也逃不出大火的魔掌,许多珍贵的资料被大火烧毁,其中包括著名航海家瓦斯科·达·伽马的详细航海记录。

里斯本大地震持续了 3.5 分钟至 6 分钟,大地的颤动使得市中心出现一条大约 5 米的巨大裂缝。发生地震 40 分钟后,一场海啸又席卷里斯本,葡萄牙海岸最大潮高约 15 米。法国、英国、荷兰远至中美洲海岸的港口也因海啸遭受影响。没有受到海啸影响的地方难逃火灾的包围,里斯本大火一直燃烧了 5 天才被扑灭。在这场地震中,不仅里斯本损失惨重,连葡萄牙的南部也遭到了前所未有的破坏。

现在的地质学家估计,里斯本地震的规模达到里氏 9 级,震中位于圣维森特角西南偏西方约 200 千米的大西洋中。里斯本大地震使得人们首次对地震进行大范围的科学化研究,这标志着现代地震学的诞生。如现代很多人认为动物能够预测地震,在地震之前它们会逃到高处,而里斯本大地震前就有人记录了这个现象,这是欧洲首个对此现象的记录。

当时的首相马卢对里斯本地震情况进行了咨询:地震持续了多久?地震后出现了多少次余震?地震如何产生破坏?动物的表

现有哪些不正常？水井内有什么现象发生？马卢也是第一个对地震的经过和结果进行客观科学描述的人，所以他被认为是现代地震学的先驱。

但是关于里斯本地震的形成原因至今仍争论不断，大多数人的看法是里斯本处于从大西洋的亚速尔群岛经直布罗陀海峡至地中海到土耳其、伊朗这条亚欧地震带的西段上，但有人提出了其他看法。

里斯本大地震对于人类研究地震的历史有着非比寻常的意义和地位，对其研究开了人类研究地震的先河。

伤亡惨重的日本关东地震

关东地震是 20 世纪世界最大的地震灾害之一，其地震、地震次生灾害，特别是地震火灾的人员伤亡和财产损失是前所未有的。日本关东地区东跨日本本州岛中部，面积约 3 万平方千米，日本重要的京滨工业区就在这里。

1923 年日本关东地震之后的城市

1923 年 9 月 1 日，关东地区的人们正在忙碌地生活着，谁也没有想到一场天灾将要降临。11 点 58 分，关东平原地区忽然发出一阵奇特的声响，大地颤抖起来，刹那间许多人被抛向天空，非死即伤。瞬间成片的房屋倒塌，许多人来不及反应就被砸死在屋子内。这场突如其来的大地震震级达到了里氏 8.2 级，其袭击范围之广、受害面积之大、死亡人数之多，在日本地震史上十分罕见。

由于地震发生在中午，许多家庭都在做饭，所以房屋一塌几

乎马上起火。东京、横滨地区的火势虽然较小，但因为地下供水管道被破坏，消防设施被震碎，消防人员根本无法救火，火借助

1923 年日本关东地震

风势，不断扩大。最为悲惨的是那些被压在废墟中的幸存者，如果没有大火，他们还有获救的可能。但是大火燃起后，许多废墟、瓦砾中的幸存者都被大火活活烧死。一些从地震中逃出的人也被大火包围。据说东京 80% 的丧生者死于震后大火，而幸存者也多数被烧伤。大火一直燃烧了 3 天 3 夜，几乎烧尽关东地区的建筑。

更令人不可思议的是，在海滩上的人们也无法保全性命。许多从地震逃出的人逃到了海边，纷纷跳进大海，本以为可以保住性命。但是几小时后，海滩附近的油库爆炸，10 万多吨石油注入横滨湾，大火点燃了水面上的石油，横滨湾变成了一片火海，在海中避难的 3000 多人被大火烧死。

这次地震还引发了海啸，巨浪以 750 千米/时的速度扑向海岸，使许多逃生者命丧大海。这次地震造成的大海啸共击沉各类船只 8000 多艘，东京、横滨、横须贺、千叶等地的大小港口、码头统统瘫痪。

在关东地震中，大地也被撕出一道口子。一些侥幸逃出的人不幸掉入了大裂缝中，被冒出的地下水活活淹死；没有被淹死的人想从裂缝中爬上来，大裂缝却突然合上，于是缝里的人被大裂缝活活挤死。

地震还导致多处出现大塌方。在根川火车站，一列载有200名乘客的火车在行进途中与一堵地震造成的泥水墙相撞。巨大的塌方把这列火车连同车上的乘客、货物统统带进了相模湾，车上乘客的命运不言而喻。一些村庄还被埋在了地震造成的30多米深的泥石流、塌方中，永远消失了。

关东地震是天灾人祸并发的罕见灾难。

关东地震发生原因至今仍说法不一，较多的人认为巨大的灾难是由于5分钟内发生三起地震所造成的。最初的地震是发生在日本时间1923年9月1日11时58分32秒，是规模7.9级的双中心地震，发生地点在相模湾两侧的半岛，地震历经时间约15秒；第二次是12时1分，是规模7.3级的余震；第三个是12时3分的规模7.2级的余震。这三起地震合计连续摇了大约5分钟。

但这是一部分人的看法，关东地震发生的原因至今仍在进一步探索之中。

南半球历史上最大的地震

1960年5月21日，智利接连发生了多次大地震。震中区几十万幢房屋大多被毁，有的地方在几分钟内下沉2米。此次地震在瑞尼赫湖区引起了300万立方米、600万立方米和3000万立方米的三次大滑坡；滑坡填入瑞尼

1960年智利地震

赫湖后，致使湖面上涨24米，湖水外溢，淹没了湖东65千米处

的瓦尔迪维亚城,全城水深 2 米,100 万人无家可归。

这次地震还引起了巨大的海啸,在智利附近的海面上海浪高达 30 米。海浪以 600 千米/时~700 千米/时的速度扫过太平洋,抵达日本时仍高达 3 米~4 米,这使得 1000 多所住宅被冲走,大量良田被淹没,15 万人无家可归。

世界历史上震源最深的地震

震源深度超过 300 千米的,称为深源地震。目前世界上有记录的震源最深的地震,是 1934 年 6 月 29 日发生于印度尼西亚苏拉威西岛东的地震,震源深度 720 千米,震级为 6.9 级。

深源地震常常发生在太平洋中的深海沟附近。在马里亚纳海沟、日本海沟附近,都多次发生了震源深度 500 千米600 千米的大地震。中国吉林和黑龙江省东部也发生过深源地震,如 1969 年 4 月 10 日发生在吉林省珲春南的 5.5 级地震,其震源深度达到 555 千米。

世界历史上死亡人数最多的地震

大约 1201 年 7 月发生的地震,使近东和地中海东部地区的所有城市都遭破坏,此次灾难造成的死亡人数最多,据估算约达 110 万。

2. 地震来了,如何自救

地震发生时,至关重要的是要有清醒的头脑、镇静自若的态度。只有镇静,你才有可能运用平时学到的防震知识,并判断地震的大小和远近。近震常以上下颠簸为开始,之后才左右摇摆;

远震少有上下颠簸感觉，而以左右摇摆为主，且声脆，震动小。一般小震和远震不必外逃。地震时，我们要注意以下几点：

第一，保持镇静在地震中十分重要。乱喊乱叫会加速新陈代谢，增加氧气的消耗，使体力下降，耐受力降低；同时，大喊大叫会使人吸入大量烟尘，易造成窒息，增加不必要的伤亡。正确态度是在任何恶劣的环境，要始终保持镇静，分析所处环境，寻找出路，等待救援。

第二，止血、固定砸伤和挤压伤是地震中常见的救护措施。开放性创伤，外出血者应首先止血抬高患肢，同时呼救。对开放性骨折者，不应做现场复位，以防止组织再度受伤，一般用清洁纱布覆盖创面，做简单固定后再进行运转。不同部位骨折，要按不同要求进行固定，并参照不同伤势、伤情进行分类、分级，送医院进一步处理。

第三，处理伤口挤压伤时，应设法尽快解除重压；遇到大面积创伤者，要保持创面清洁，用干净纱布包扎创面，怀疑有破伤风和产气杆菌感染时，应立即与医院联系，及时诊断和治疗；对大面积创伤和严重创伤者，可让其口服糖盐水，预防休克。

第四，地震常引起许多"次灾害"，火灾是常见的一种。在大火中，我们应尽快脱离现场，脱下燃烧的衣帽，或用湿衣服覆盖在身上，或卧地打滚，也可用水直接浇泼灭火。切忌用双手扑打火苗，否则会引起双手烧伤。如有烧伤要用消毒纱布或清洁布料包扎后送医院进一步处理。

第五，要预防破伤风和气性坏疽，并且要尽早处理尸体，注意饮食饮水卫生，防止大灾后的大疫。

灾难的递进——海啸

灾害性地震本身就很可怕，更不用说紧随其后的伴生灾害了。对发生在海洋里的地震来说，伴生灾害中最具破坏力的就是海啸。2011年东日本大地震发生后，很多人都通过视频见识了海啸的真面目。海啸远不如地震那么"轰轰烈烈"，只是悠悠地往前推进，但一路上，船只、车辆还有房屋都"打了水漂"。

其实，海啸造成的损失往往会高于地震本身。

1. 一切坚固的东西，都会被柔软的海水拆散

海啸是一种具有强大破坏力的海水剧烈运动。海底地震、火山爆发、水下塌陷和滑坡等都可能引起海啸，其中海底地震是海啸发生的最主要原因，历史上的特大海啸都是由海底地震引起的。

海啸来袭

海啸所引发的惊涛骇浪，汹涌澎湃，卷起的海涛高可达数十米。这种"水墙"含极大的能量，冲上陆地后所向披靡。智利大海啸形成的波涛，移动了上万千米仍不减雄风，足见它的巨大威力。

海啸通常由震源在海下浅于50千米、震级里氏6.5级以上的海底地震引起。水下或沿岸山崩或火山爆发也可能引起海啸。在

一次震动之后，震荡波在海面上会以不断扩大的圆圈，传播到很远的距离，像卵石掉进浅池里产生的波一样。海啸波长比海洋的最大深度还要大，轨道运动在海底附近不会受多大阻滞，不管海洋深度如何，波都可以传播过去。

海啸同风产生的浪或潮是有很大差异的。微风吹过海洋，泛起相对较短的波浪，相应产生的水流仅限于浅层水体。猛烈的大风能够让辽阔的海洋卷起高度 3 米以上的海浪，但也不能撼动深处的水。而潮汐每天席卷全球两次，它产生的海流跟海啸一样能深入海洋底部，但是海啸并非由月亮或太阳的引力引起，它是由海下地震推动所产生，或由火山爆发、陨星撞击或水下滑坡所引发。海啸波浪在深海的速度超过 700 千米/时，可轻松地与波音747 飞机保持同步。虽然速度快，但在深水中，海啸并不危险，低于几米的一次单个波浪在开阔的海洋中其长度可超过 750 千米。这种作用产生的海表倾斜十分细微，以致这种波浪通常在深水中不经意间就过去了。海啸一般是不知不觉地通过海洋，然而如果出现在浅水中就会达到灾难性的高度。

印度洋大海啸

2004 年 12 月 26 日是一个黑暗的日子，当地时间上午 8 时，印度尼西亚苏门答腊岛以北印度洋海域发生了 9.3 级的强烈地震，强震引发了印度洋大海啸。10 米高的巨浪摧枯拉朽般地席卷了印度洋沿岸，一些村庄被海浪整个卷走，一些旅游胜地转眼间变成了一片废墟。这场海啸波及 12 个国家，地跨 6 个时区、两大洲，25 万余人罹难。

随着经济的发展，阳光明媚、风景秀丽的印度洋沿岸，成为许多人理想的度假天堂。每年都有成千上万的人从世界各地来到印尼、斯里兰卡等国的海岸度假，他们或是举家出行，或是随旅

2004 年印度洋大海啸

游团而来。游客们大都住在紧靠海边的旅馆,一边欣赏迷人的海景,一边吹着淡淡咸味的海风。

2004 年也一样,12 月正是海滩度假的旺季。26 日清晨,一切都是那么平常,每一处度假海滩都是那么美,阳光、沙滩、海水交相辉映,游人在海边惬意地休闲。就在这种令人沉醉的气氛中,声嘶力竭的呼喊打破了平静:"浪来了,快跑啊!"人们猛然发现远处突然出现了十几米高的巨浪,正朝海滩扑来。惊慌的人群开始疯狂地逃命,海浪紧紧跟在他们身后,海水卷着遮阳伞和沙滩椅,还有游船等常见的东西。它如同张着血盆大口的海怪,吞噬了一切难以逃离的人和物。除了少数幸存者外,在海滩附近的大多数人都被海水卷走了。在某些地方,第一波海浪并不严重,但随之而来的第二波海浪把还在庆幸中的人群推入了绝望的深渊。

一个目击者回忆:"当时我离海滩只有 100 多米,只见排山倒海的巨浪从 1 千米以外压了过来。滔天巨浪闪着白光,越来越快地冲向岸边。凶猛的海浪打过来的时候,我已经惊呆了,竟在原地僵住了。这时候,有人叫快跑,我才缓过神来,拔腿跑向高处的马路,路上站满了人,但我还是不敢停下,继续狂跑。12 个小时以

135

后，我又回到海边，看到到处都是烂泥，人群不见了。听说有很多人都已经丧生，还有很多人失踪了。直到现在，我还感到恐惧。"

这次海底地震引发的海啸可能不是人类历史上最大的，但带来的损失却是最严重的，它波及了许多印度洋沿海国家，包括斯里兰卡、印尼、印度、泰国、马来西亚、孟加拉、马尔代夫等等，最远甚至波及非洲东部的索马里，造成了难以估量的生命财产损失，使数百万人无家可归。

智利大海啸

智利地处南美洲西海岸，位于太平洋板块与南美洲板块的交错地带，地形狭长。两个板块相互挤压俯冲，形成了智利东部高大的安第斯山脉。西海岸下的阿塔卡马海沟，位于环太平洋火山活动带上，地表不稳定，地震和火山活动极为频繁。由海底地震和火山喷发引起的海啸，更是频频出现，成为智利一种严重的自然灾害。历史上，智利处在太平洋东岸的一些海滨城市，一直饱受海啸的侵袭，发生过多次城市被毁和人员伤亡的惨祸。

海啸

1960年5月，海啸再次降临。5月21日凌晨，智利中南部港市蒙特港附近海底，发生了强烈的地震，震级达里氏8.9级，同时在一天半的时间里,发生了至少 5 次 7 级以上的大地震,超过 8 级的就达 3 次。

强震过后,瓦砾下幸存的人们还没有反应过来,更可怕的灾难——海啸就已经袭来。强震使得海水发生了剧烈的震荡,人们突然发现海水迅速从岸边退去,露出了大片的海底,鱼虾贝类纷纷搁浅,垂死挣扎。有经验的人们察觉到大难临头,惊慌地往山顶逃去,企图躲避即将到来的这场灭顶之灾。15 分钟后,海水暴涨,咆哮的巨浪翻滚着,向太平洋东岸的智利迅猛袭来,最高时达到了 25 米。随着海潮持续近几个小时的涨落,刚被地震摧毁的城市又被巨浪洗刷。在地震废墟中幸存的人们又被海水带走,已经预料到海啸并跑到搁浅船只上避难的人们,没有料到巨浪会把大船轻易拍碎,他们全部葬身大海。

从北到南,从首都圣地亚哥到蒙特港,无数城镇、码头、建筑等,或沉入海底,或被海浪拍碎了卷走,以蒙特港为中心南北 800 千米的海岸线被席卷一空。巨浪退去,海滩上的景象无比凄惨:人畜尸骸在浅滩中无力地漂浮,船舶残骸、建筑碎片、不成形的生活用品、成捆的商品毫无生气地散落……智利境内有 5700 多人遇难,8000 余艘船只沉没,沿岸大小港口均告瘫痪。

这次大海啸波及范围极广,除智利遭受极大的灾难外,太平洋东西两岸,从夏威夷群岛到俄罗斯、中国、日本、菲律宾等国家,都受到了不同程度影响。地震形成的海浪又以 700 千米/时的速度横扫西太平洋诸岛,并在 14 个小时后袭击了夏威夷,高 9 米10 米的巨浪冲垮了夏威夷西岸的防波堤,沿岸大片的土地被淹没,大量的建筑、房屋、电线杆被毁坏。此后 8 小时,最大达 8.1 米的海浪抵达了太平洋上的岛国日本,威风不减的激浪冲向海港和码头,本州、北海道等地停泊的船只,瞬间被击碎击沉,船员和物品纷纷被卷入大海,消失在海浪中。太平洋沿岸的城市、乡村、港湾建筑,都遭到了极大的破坏，来不及逃离的人们被海水卷走。此次海啸造成了日本 800 人死亡，大量房屋被毁，逾百艘船只沉没，15 万人无家可归。海浪还将停在码头的"开运丸"号渔轮抛向空中，然后跌落在一个房顶上，把房屋压塌。

智利大海啸波及了太平洋西北一隅的俄罗斯，到达堪察加半岛和库页岛附近的巨浪仍高 6 米7 米，沿岸船只、码头、房屋及人员都遭受了巨大的损失。当时堪察加半岛海边码头附近有一所锅炉房，海水突然涌进，使燃烧的锅炉发生爆炸，在场的工人被炸得血肉模糊。到达菲律宾群岛附近的巨浪也高 7 米8 米。而中国沿海由于外围岛屿的保护，受到的影响较小，但在东海和南海均监测到了巨浪。

总之，智利大海啸破坏力极大，波及了太平洋沿岸大部分地区，可以说是人类历史上最大的一次海啸。

2. 海啸袭来，能否全身而退

如上文所说，海啸跟用石头砸水产生的水波差不多，但小小的石头是引不起海啸的，只有当大面积水体突然抬升或下沉，才能引发海啸。能有这等本事的，除了海底地震之外，基本上就只有海底火山爆发、海底大面积滑坡了。

这些过程释放的能量都是非常惊人的。不过，值得注意的是，并不是所有地震都会引起海啸。以海底地震而言，有些地震是由板块水平滑移断裂造成的。这种地震不会造成起始的水体抬升，就不能引起海啸。

除了这些，还有一些不那么典型的事件也可能导致海啸，比如小行星撞击地球。这可不是开玩笑，很多科学家都认为，在

6500万年前毁灭恐龙的"K–T灭绝事件"就曾经导致了全球范围内的大海啸。有些科学家推测，在某些地区，海啸巨浪的高度甚至可能达到300米。

地震海啸发生的最早信号是地面强烈震动，地震波与海啸的到达有一个时间差，有利于人们预防。地震是海啸的"排头兵"，如果感觉到较强的震动，就不要靠近海边、江河的入海口。如果听到有关附近地震的报告，要作好预防海啸的准备。要记住，海啸有时会在地震发生几小时后到达离震源上千千米远的地方。

如果发现潮汐突然反常涨落、海平面显著下降或有巨浪袭来，并且有大量的水泡冒出，都应以最快速度撤离岸边。

海啸前海水异常，退去时往往会把鱼虾等许多海生动物留在浅滩，场面蔚为壮观。此时千万不要前去捡鱼或看热闹，应当迅速离开海岸，向内陆高处转移。

通过氢气球还可以听到次声波的"隆隆"声。

发生海啸时，航行在海上的船只不可以回港或靠岸，应该马上驶向深海区，深海区相对于海岸更为安全。

由于海啸在海港中造成的落差和湍流非常危险，船主应该在海啸到来前把船开到开阔海面。如果没有时间开出海港，所有人都要撤离停泊在海港里的船只。

海啸登陆时，海水往往明显升高或降低。如果看到海面后退速度异常快，应立刻撤离到内陆地势较高的地方。

恐慌的继续——核与辐射

2011年，日本东北地区宫城县北部发生了9.0级特大地震。地震、海啸之后，最让人揪心的，莫过于震中附近的福岛核电站的安全。福岛核电站包括两座核电站，一旦发生大规模核物质泄漏，核辐射可能危及邻国。切尔诺贝利的灾难刚刚远去，历史还会重演吗？

1. 福岛核电站泄漏，到底有多危险

简单来说，放射性物质中以波或微粒形式发射出的一种能量就叫核辐射。

福岛核电站出现险情

核爆炸和核事故都有核辐射。它有 α、β 和 γ 三种辐射形式：α 辐射只要用一张纸就能挡住，但吸入体内危害大；β 辐射是高速电子，皮肤沾上后烧伤明显；γ 辐射和 X 射线相似，能穿透人体和建筑物，危害距离远。

宇宙和自然界中能产生放射性的物质不少，但危害都不太大，只有核爆炸或核电站事故泄漏，放射性物质才能大范围地对人员造成伤亡。

福岛核电站爆炸

一般情况下的核泄漏对人员的影响表现在核辐射上。核辐射也叫作放射性物质，放射性物质可通过呼吸、皮肤伤口及消化道吸收进入体内，引起内辐射。

γ 辐射可穿透一定距离被机体吸收，使人员受到外照射伤害。

内外照射形成放射病的症状有：疲劳、头昏、失眠、皮肤发红、溃疡、出血、脱发、白血病、呕吐、腹泻等。有时还会增加癌症、畸变、遗传性病变发生率，影响几代人的健康。

一般而言，身体接受的辐射能量越多，其放射病症状越严重，致癌、致畸风险越大。

核电站会像原子弹一样爆炸吗

核反应堆是不可能像原子弹那样爆炸的，得出这个结论的原因很简单：核反应堆的燃料铀不纯，它们没有能力产生原子弹式的爆炸。

虽然原子弹和核反应堆都是以铀为原料，但两者对纯度的要求完全不同。正如高度白酒可以点燃，啤酒却不能点燃一样，反应堆即使失控，也不会像原子弹那样爆炸。

有哪些放射性物质被泄漏

福岛第一核电站的六座核反应炉都是沸水式反应堆，其工作原理是核燃料棒在反应堆堆芯发生可控的链式反应，产生大量热量。这些热量传递给反应炉容器内的水，这些水被加热后产生蒸汽，直接推动蒸汽涡轮发电机产生电能。之后，蒸汽经过冷却，变回水分流入反应堆，整个过程不断循环。

福岛核电站高辐射污水

尽管福岛第一核电站核反应堆有压力容器和安全壳等保护，但由于冷却系统失灵，过热的燃料棒可能已经发生一定程度的熔毁，人们在核电站周围已检测到碘–131和铯–137等放射性物质。

根据世界卫生组织网站等媒体公布的资料：一个受损的核电站会释放两类放射性物质，一类相对来说危害不大，另一类碘－131和铯－137则要危险得多。

对人类危害较小的一类放射性物质是氮－16和氚等。一般核电站都会产生这些物质，它们在经过衰变达到允许标准后将由高空烟囱排到大气中。所以，人们无须为此担忧，因为氮－16会快速衰变，用时仅数秒，最终变为氮这种空气中最常见的惰性气体；而氚这种氢同位素无法在空气中远距离传播，也无法穿透人体，只有大量吸入才对人体有害。

对日常工作中不接触辐射性工作的人来说，每年正常的天然辐射（主要是空气中的氡辐射）为2.4微西弗。小于100微西弗的辐射，对人体无影响；1000微西弗2000微西弗，可能会引发轻度急性放射病，但能够治愈。

日常生活中，我们坐10小时飞机，相当于接受30微西弗的辐射。与放射相关的工人，一年受到最高辐射量为50000微西弗。一次性遭受4000毫西弗会致死。

2. 可怕的不是"辐射"，而是被放大的"恐慌"

其实可怕的不是"辐射"，而是被放大的"恐慌"。我们只有冷静下来，使自己对灾害应急了然于心，"恐慌"才会渐行渐远。

如何应急避险核辐射

应急状态下，为避免或减少工作人员和公众可能接受的核辐射剂量，我们可采取一定的应急防护措施，如隐蔽、撤离、服碘防护、通道控制、食物和饮水控制、去污，以及临时避迁、永久再定居等。

隐蔽是指人员停留或进入室内，关闭门窗及通风系统，以减少烟羽中放射性物质的吸入和外照射，并减少来自放射性沉积物的外照射。撤离是指将人们从受影响地区紧急转移，以避免或减少来自烟羽或高水平放射性沉积物引起的大剂量照射。该措施为短期措施，预期人们在预计的某一有限时间内可返回原住地。

当事故已经或可能导致碘的放射性同位素释放，可实行服碘保护，即服用含有非放射性碘的化合物，以降低甲状腺的受照剂量。对单次服用而言，服用稳定碘产生负效应的危险很小，但此负效应会随服用量增加而增加。

核辐射防护办法清单

如果被暴露在辐射范围内，应立即换一套衣服和鞋子，把它们放在一个密封的塑料袋中，封闭袋口，然后进行彻底的全面的淋浴。

如果被通知撤离，保证车窗和通风口封闭，并采用车内循环空气。

如果被告知待在室内，要关闭空调和其他进气口，去地下室，并且除非必要，避免使用电话。

在受到辐射前或刚受到辐射没多久，碘化钾可以帮助降低患癌症的风险，但一定要在医生指导下服用。

如果日常生活希望提高防辐射能力，可以食用海带、紫菜等含碘量高的食品，也可饮用红酒，提高机体抗氧化能力。

灾难全球化——地震的"蝴蝶效应"

地震是非理性的，它给人类带来无穷的痛苦。

"覆巢之下焉有完卵"，一场地震、海啸灾难，能轻易地跨越国界影响全球。2011 年的东日本大地震、大海啸和核泄漏事故在经济全球化的背景下，直接导致经济波动，生产链断裂。

"蝴蝶效应"理论阐释了灾难全球化的现实影响。

1. 忠实的"果粉"们也许将暂时忍受 iPad2 的缺货

凭借科技的优势，日本在全球电子产业中有着举足轻重的地位。由于地震导致的破坏，能源紧张、交通中断、原材料供应受到影响，成品无法运至机场或港口，整个电子元件供应链将面临被中断的危险，电子产品价格随之水涨船高。

忠实的"果粉"们也许将不得不暂时忍受 iPad2 的缺货。在苹果的供应商名单中，日本是十分重要的一环，苹果对于日本的零部件依赖度一直很高，按照日本一家研究机构的说法，iPhone 从日本采购的零部件占到 iPhone 总成本的 34%。随着灾情的进一步扩大，最为关键的 NAND 闪存及电池管理芯片首当其冲。

东日本大地震对中国企业的生产经营也造成了一定影响，作为计算机标准零部件的芯片与内存的价格被大幅抬升，部分高端摄影器材也开始出现缺货的情况。与以往经销商向顾客大肆推销产品不同，如今更多的商家选择采取限量销售的策略。国内几家大型液晶面板的生产厂商由于来自日本设备以及原材料的供应出现问题，生产受到影响。

网络通信业也未能幸免。东日本大地震当晚，网友发现

iTunes Store 美国区无法正常连接，部分美国网站出现登录异常缓慢甚至打不开的状况。专家证实，穿越太平洋的海底光缆，大约有一半在这次大地震中受到影响。中国三家运营商多条途经日本相关海域通往北美的线路也遭到了不同程度的损坏。由于要在海底作业，加之余震不断，中断的光缆很难在短期内完全修复。

由于东日本大地震，全世界电子元件供应链遭受了巨大冲击。

同时，这次大地震导致史上最严重的保险损失。不过，分析人士认为，这些损失可以被保险业和再保险业吸收，不会造成广泛的偿付问题或无法解决的财务压力。

地震对住宅房地产的损害由现有日本政府支持的地震保险系统承担，日本政府可能将承担高达 526 亿美元的住宅地震损失。日本非寿险公司近年来已经积累了达到 64 亿美元的住宅巨灾准备金，占此机制下潜在债务的 88.4%。

不过，经济学家提醒，所有对遭灾的日本经济损失的估量，其前提必然是核泄漏未造成重大影响。换句话说，需要确凿证明在核泄漏方面未出现重大问题。

2. 通胀席卷全球，重创世界经济

东日本大地震及相关事件将加速当前一些经济趋势的发展，从最坏的角度看，这场灾难可能导致公共债务水平升高、通胀压力增加并催生新的金融泡沫，严重危及脆弱的全球经济复苏，并使世界经济重新陷入混乱。

东日本大地震发生时，日本股市距离收盘只有 14 分钟。当地震袭来，交易员们开始抛售股票，日经 225 指数在 14 分钟内下

跌了1%。但投资者们当时还不知道，地震引发的一场毁灭性的海啸正向日本海岸袭来，更加没有料到的是，因为冷却系统停止运作，导致核电站爆炸，引发了核辐射危机，击垮了很多从没有被地震吓倒过的日本国民。

日本福岛第一核电站震后危机迟迟不见缓解，许多民众开始担心，核能是否真的如同一些媒体宣传的那样，是种"清洁干净的未来能源"。这个问题在欧洲许多国家引起了不小的争议。

日本经济的大衰退可能会让多个国家经济发展减速，而核泄漏事件对人们心理造成的影响也不可忽略。

日本灾后要恢复生产，首先要恢复供电，但目前来看，短期内核能将受到极大限制，这势必加剧对传统能源原油和煤炭的需求，因此全球将面临更大的通货膨胀压力。作为世界大宗商品的主要进口国，日本的灾后重建及之后的经济发展都需要大量原材料，全球范围内大宗商品需求的增加，将推高物价，加大全球通胀预期。

据统计，受地震影响而停产的日本上市公司主要涵盖科技、汽车制造、运输等行业，其中包括索尼、松下、佳能、尼康、丰田、日产、本田、软银及全球最大的铁路旅客运输公司东日本公司等。由于日本在全球产业链中具有重要地位，地震造成的临时性出口中断必然会对其他国家的企业造成影响，尽管这并不会直接影响到中国，但受冲击的全球多个产业会给中国经济带来间接影响。

3. "有备族"——对生存主义的关注是社会焦虑感的晴雨表

在现代成熟的工业社会中，人们对核危机的恐惧也不像过去那样剧烈,但是地震与海啸引发的长期政治、经济及心理影响却值得忧虑。

"重要的事不是预测未来,而是未雨绸缪"。地球那一边,海地地震带来的伤痕还未抚平,智利强震和海啸又撕裂了许多人的家园。地球这一边,历历在目的汶川地震,让很多人变得像惊弓之鸟。很多人开始思考,如何在灾难来临时保护自己和家人。这种思潮中,"有备族"诞生了。

丽莎·贝德福德是非常典型的美国家庭妇女,平日里相夫教子。但是近一年来,贝德福德在家务活上投入的精力有些不太寻常:她开始储备大量的罐头食品,甚至把一间空卧室改成了特别储藏间。她还把72小时救生用品塞进家里的每辆车,包括:装满碘酒的大号特百惠塑料盒、牛肉干、应急毛毯,甚至还有军用的止血贴。

贝德福德已在考虑一个逃生计划,为此,她和她的丈夫准备了一些装满必需品的手提箱,还准备了不少现金。基于同样的理由,她踏进了此前从未涉足过的射击场,进行手枪射击练习。现在,贝德福德会定期带着两个孩子演练紧急避险。

贝德福德已仔细研究了该如何收获市区菜园里生产的食物,她还在学习如何利用一种太阳灶来烘烤面包。在此之前,她动手做了61个辣椒罐头、20个肉罐头、24瓶花生酱,还在食品室里储备了许多的食物。在食物储备上,她估计花了4000美元,这些食物可以维持家人至少三个月的生活。

32岁的货车司机汤姆·马丁是"全美有备族网络"的创始人,每天大约有5000人点击这个网站。他说:"在我看来,'有备族'更像是一种反应,而不是一场运动。世界上存在着如此多的变数和潜在的灾难,身为一名'有备族',我只是对一种可能性做出反应而已。"

当然，这种反应因人而异，因为一些准备是针对经济危机的，而另一些准备则是人们为了避免食用转基因食物的。"有备族"中的一些人担心社会会彻底崩溃，而另一些人则仅仅想储备额外的食品及液体燃料，以防电力中断或暴风雪袭击。一些"有备族"甚至不愿透露自己的名字，因为他们不愿意在灾难来临时，有绝望的人找上门来避难。

目前还不知道生存主义的具体发展情况，但过去几年来，"有备族"的网站如雨后春笋般出现，如"有备族组织""市郊有备族""贝德福德的博客""幸存母亲"等。

研究者称，人们对生存主义的关注是社会焦虑感的晴雨表。社会学家认为，在很多情况下，这种关注是对现代社会生活压力的反映。而现在社会焦虑感正在攀升，从气候变化、经济危机、甲型流感到恐怖主义，当今世界面临的挑战足以让任何人都感到忧虑。

急救手册——成为幸存者

在不可抗的灾害面前，为了增加自己的生存机会，我们既要提早预防，更要沉着应对。

很多日本人的家里有一个地震救急包，其中的装备包括哨子、雨衣、密封易开启的饮用水，还有一些可以在较长时间内保质的食品。这给我们提了个醒：得给家里来个全面的"生存环境整改"！

1. 预防灾难，将家中具有危险可能的死角清除掉

家庭"生存环境整改"的第一步，就是将家中具有危险可能的死角清除掉。像平板电视、贴墙而立的书柜，这些看起来很威武的家具都应在第一时间和墙固定在一起，别没被灾害搞垮，却被家里的东西砸伤了。

具有伤害性的隐性死角其实更需要注意，比如玻璃或镜子，这类容易形成尖锐刺伤的物品，有两个解决方案：换成钢化玻璃，或者在玻璃的表面贴一层具有黏性的薄膜，这样玻璃在破碎的时候便不会四溅。

一些具有腐蚀性、伤害性的液体或物品应该集中收纳好。当然，家里不能时时弄得和战备一样，我们的目的是将危险性降低，在可能的情况下改善生存状况。

2. 逃生演习，多发掘几个安全的避难点

整理完危险死角还只是第一步，了解自己的居住环境，知道灾难来临的时候应该怎么躲避是提高生存概率的重要环节。有空的时候应该去物业管理中心，好好研究一下建设图纸，让工作人员简单讲解一下承重墙的问题。

多发掘几个安全的避难点很重要。选好了躲藏的地方，有空时还得演习一下，试一试在 1 秒钟之内躲进去。日本及别的一些灾难多的国家，经常搞这种演习，通过自己体验这种"失败的演习"才会知道，演习对于真正的防患是多么的重要。查出不合理

的预防措施，规划更好的防灾环境，是演习的重要意义。

3. 生存急救，灾后重建

"万一被困了怎么办？"在短时间的毁灭性灾难里，我们常常需要独立生存一段时间，才能通过自救或他人协助重新恢复到正常生存状态。日本人家常备的急救包的重要功能之一就是解决被困时期的基本生存需求。

在生存急救包里，我们至少应该收藏以下物品：个人基本信息卡（包括姓名、性别、年龄、血型、基本病例及药物过敏史）、哨子、携带式净水器、附带电池的手电筒、附带电池的无线电收音装置、矿泉水3瓶、薄韧的雨衣、棉织布手套、多功能工具、食物、火柴或打火机。如果被困，保证身体对水的需求是最基本的，人没有食物可以撑很久，但没有水是不行的。

除了急救包，家里还应该准备小型的灭火器，放在客厅隐蔽的角落，自己还应接受专业的干粉灭火器和泡沫灭火器的训练。灭火器主要用于应对火灾或灾后起火的状况，平时有空检查检查气压就好了。

如果真的遇到了灾难，应该冷静地保全自己，然后救助他人。为财产和人身购买合适的保险是必须且有利而无害的，在保险业不断推进的现在，房屋地震险也很有出台的可能，过于焦虑的人们可以关注一下。除了通过外部机构做保障之外，对家庭信息的管理也是很重要的，完全可以考虑将重要证件放在颜色鲜艳、坚固防水干燥的盒子里保存，虽然逃生时不一定能第一时间拿到，但是完整集中的保存可以提高安全性。

番外：看看你的城市是否在地震带上

地震震中集中分布且呈有规律的带状地区叫作地震带。从世界范围看，地震活动带和火山活动带大体一致，主要集中在地壳强烈活动的地带。

世界上的地震主要集中分布在三大地震带上，即：环太平洋地震带、欧亚地震带和洋脊地震带。

环太平洋地震带

这是地球上最主要的地震带，它像一个巨大的环，沿北美洲太平洋东岸的美国阿拉斯加州向南，经加拿大、美国加利福尼亚州和墨西哥西部地区，到达南美洲的哥伦比亚、秘鲁和智利，然后从智利转向西，穿过太平洋抵达大洋洲东边界附近，在新西兰东部海域折向北，再经斐济、印度尼西亚、菲律宾，以及中国台湾、琉球群岛、日本列岛、阿留申群岛，回到美国的阿拉斯加，环绕太平洋一周，把大陆和海洋分隔开来。这里所释放的地震能量约占全球释放总能量的75%~80%。

欧亚地震带

欧亚地震带又名"横贯亚欧大陆南部、非洲西北部地震带""地中海－南亚地震带"，其主要分布于亚欧大陆，从班达海附近开始，经中南半岛西部和中国的云、藏地区，以及印度、巴基斯坦、尼泊尔、阿富汗、伊朗、土耳其到地中海北岸，还一直延伸到大西洋的亚速尔群岛。这里所释放的地震能量约占全球释放总能量的20%。

洋脊地震带

它从西伯利亚北岸靠近勒拿河口开始，穿过北极经斯匹次卑尔根群岛和冰岛，再经过大西洋中部海岭到印度洋的一些狭长的海岭地带或海底隆起地带，其中有一分支穿入红海和著名的东非大裂谷区。

中国的地震活动

中国处在世界两大地震带之间，是多地震的国家之一。

中国位于世界两大地震带——环太平洋地震带与欧亚地震带——之间，受太平洋板块、印度板块和菲律宾海板块的挤压，地震断裂带不断发育。

中国的地震活动主要分布在五个地区的 23 条地震带上。这五个地区是：

第一，台湾地区及其附近海域。

第二，西南地区，主要是西藏、四川西部和云南中西部。

第三，西北地区，主要在甘肃河西走廊、青海、宁夏、天山南北麓。

第四，华北地区，主要在太行山两侧、汾渭河谷、阴山——燕山一带、山东中部和渤海湾。

第五，东南沿海的广东、福建等地。

中国的台湾地区位于环太平洋地震带上，西藏、新疆、云南、四川、青海等省区位于喜马拉雅地中海地震带上，其他省区处于相关的地震带上。

据科学家们分析，到 2050 年全球变暖将导致地球上四分之一的植物与动物消失。如果真的如此，那么这将是自恐龙灭绝以来的全球最大一次物种灭绝。

这是一个让人寒心的结论——人类社会的进步最终导致自身生存环境的恶化，甚至危及业已创造的文明。

第六章

热死地球——温室效应日益明显

随着工业化进程的不断加快，地球正在因为人类活动而改变着原有的活动规律。在过去的一个世纪里，人类的活动导致地球温室效应日益明显，人们也认识到了地球正在慢慢变暖。

在过去的一个世纪内，地球的平均温度上升了一点儿，但这对于地球生态系统而言，是一个比较明显的变化，它直接导致了地球上由风暴、洪水、干旱等引起的各种天灾成倍增加。阿尔卑斯山永久冻结带的融化，使瑞士的一些城镇和村庄时刻面临泥石流的威胁。

据统计，2000 年发生的天灾数是 1996 年的两倍。科学家预测，在 21 世纪，这些灾难数将以 6 倍的比值增加。地球两极的冰盖正在大量融化，这是温室效应的结果，而它又将反过来加速地球气候变暖，使未来的人类在温室效应的热浪中"渐渐死亡"。

变暖：2 ℃威胁说

6月5日是"世界环境日"，1989年"世界环境日"的主题是"警惕，全球要变暖"，1991年"世界环境日"的主题是"气候变化——需要全球合作"，2009年"世界环境日"的主题是"地球需要你，团结起来应对气候变化"。气候的变化确实已经成为限制人类生存、发展的重要因素和全球所关注的话题。

地球是否真的在变暖呢？显然是的。

1. 什么是温室效应

地球大气层是由氮、氧、氩等多种气体组成，当阳光透过空气时，太阳辐射能受到不同程度的削弱，形成了目前这种平衡状态的地球气候系统，人类也已经适应了这种状态。但是随着生产的发展、工业革命的到来，人类的种种活动使空气中某些成分发生了变化，这种平衡的状态也被打破了。

例如二氧化碳、甲烷、一氧化二氮、氟氯烃化合物、臭氧，这些气体对于来自太阳的短波辐射几乎是无作用的，但对于从地面射出的长波辐射则有强烈的吸收作用，可以使地表辐射的热量留在大气层内，起到类似暖房的玻璃罩或塑料大棚的作用。这种提高了地表温度的效应，通常称为"温室效应"。

温室效应改变了地球原来的生态环境。根据科学家研究，二氧化碳加倍将使全球地面平均温度增加 2 ℃ 3 ℃，地球两极海冰融化，全球海平面大幅上升，气候反常，海洋风暴增多，土地干旱，沙漠面积增大，并最终导致全球生态发生剧烈变化。

154

2. 热死地球的"2 ℃"

虽然中国的科学家提出了温室效应有可能带来的益处，但是，持悲观态度的科学家坚持认为，一旦全球平均温度升高突破底线，地球生态将会出现灾难性的崩溃。

在过去的一个世纪里，全球平均气温上升了一点儿。把地球变成暖棚的罪魁祸首是大气中二氧化碳浓度的增加。人们认为，地球变暖是由自然的气候波动和人类活动共同引起的，但最近50年的气候变化很可能主要是人类活动造成的——煤炭、石油等化石燃料无节制的开发和使用，加上土地固碳平衡的破坏以及工业生产的污染。

"尽管气候变化的科学研究仍存在诸多不确定性，但越来越多的共识趋向于认为，平均气温增长不能超过 2 ℃，这是生态系统和人类社会生存的底线。"德国柏林波斯坦研究所比尔·哈尔博士在提出颇有代表性的"2 ℃威胁说"时如是说。

比尔·哈尔描绘了气候变化突破 2 ℃后生态崩溃的可怕情景：许多小岛将无影无踪；一年中北冰洋将有好多个月冰雪在不断融化；珊瑚礁大片死亡；上亿人面临干旱和饥饿；十几亿人将感染疟疾等传染病……

"2 ℃只是大气增温的平均值。就像一个人，平均体温从36.5 ℃升到了38.5 ℃，就是说在一年中的某几天里他要发 40 ℃以上的高烧，而这对他的身体有可能带来毁灭性的灾难。

"如果大气中的二氧化碳浓度加倍，这一天将不可避免地来临。发达国家还可以凭借资金和技术抵御部分负面影响，而发展中国家则是毫无疑问的重灾区。发展中国家需要采取必要行动应对全球气候变化所带来的负面影响，特别是需要调整农业产业结构、加强对水资源的管理。"

地球和人类的命运是否真的系于这 2 ℃之间呢？

发热，给地球带来什么

气候变化所带来的影响没有国界之分。在非洲，由于干旱导致的饥荒正进一步加剧，那些严重营养不良的母亲不得不剥快要枯死的树皮给自己的孩子充饥。而在欧洲大陆，水灾正变得越来越频繁。或许用不了多长时间，美丽的布拉格广场将永远消失在一片汪洋之中。即便是远离人烟的南极半岛，情况也不容乐观⋯⋯

1. 南极：冰融加速影响地球自转

目前，南极西部大冰原所有冰川每年整体减少，这是导致海平面上升的重要因素。在过去 50 年里，已有 10 座南极冰架彻底坍塌，而拉森冰架等两座冰架正以前所未有的速度崩裂和消融。气候日益变暖，导致冰原的大范围融化和崩塌将使大量的水流向北半球，更严重的是地球自转轴将偏移 500 米。

7 个曼哈顿大的冰架超速崩塌

南极大陆被一条横贯的山脉分为东南极与西南极两部分，它们在地质上截然不同：东南极是一个古老的地质，距今约 30 亿年；西南极则是由若干板块组成，在地质年龄上远比东南极年轻。如今西南极冰盖的冰量正在减少，在较近的地质历史时期，它曾经消失过，现在可能会再次消失。

美国北伊利诺伊大学的里德·谢勒在西南极冰盖一个钻孔的底部发现了海洋微化石，这种化石只有在海洋上没有冰架覆盖的露天条件下才能形成。化石的年龄显示，这种生命可能在 40 万年前生活于此，这表明西南极冰盖在那段时期曾经消失过。

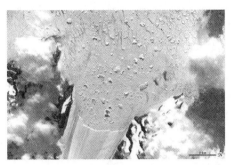

冰河消退

在 3000 万年前，只有东南极经受住了地球温度变化的考验，成为迄今为止最古老、最稳定，同时也是最大的冰盖。在很多地方，它的厚度超过 3.2 千米，体积大约是格陵兰岛冰盖的 10 倍。大约 3500 万年前，南极洲板块从南美洲板块分离，全球二氧化碳水平下降，东南极冰盖第一次形成。大陆内部东南极冰盖的增长非常缓慢，但是观测人员发现，其边缘的冰量也在减少。

拉森冰架崩裂

南极冰雪融化

可是驻扎在南极的各国科考队发现，南极的境况变得危急。多伦多大学地球物理学家杰里·米特罗维察对南极冰层融化情况进行计算机仿真实验时发现，其冰层的融化速度正在急速加剧。

美国得克萨斯大学的研究人员则在英国《自然科学》杂志上详细地提出了这一融化速度的增长："从 2002 年 4 月至 2009 年 1 月，南极洲东部冰体的融化速度为每年 50 亿吨1090 亿吨，自 2006 年开始，该融化速度明显加快，融化最集中的地带位于威尔克斯地和维多利亚地的绵长沿海地区。与东部冰体相比，西部冰体的融化速度要快得多。整个南极洲冰体融化的速度为每年 1130 亿吨2670 亿吨，其中有 1060 亿吨1580 亿吨的融化冰体来自南极洲西部地区。"

2009 年 4 月 25 日，南极洲西南部的威尔金斯冰架开始崩塌，巨大冰川从冰架上断裂入海，面积约 415 平方千米，相当于 7 个美国纽约曼哈顿区。断裂的冰川位于威尔金斯冰架的边缘，已形成很长时间。过去几个世纪以来，威尔金斯冰架一直比较稳固，但自 20 世纪 90 年代以来，冰架开始缩小，并于 1998 年发生了一次大坍塌。

威尔金斯冰架已经成为南极半岛第 10 座发生崩塌的冰架，这次崩塌是突然且迅速的，其余 9 座是在过去 50 年间逐渐融化或坍塌的。

英国南极考察处的科学家戴维·沃恩认为，如此大规模的冰川崩裂并不常见，但这种现象在近十年却较为频繁，南极半岛成为南半球冰川崩裂最严重的地区。有英国科学家甚至预言："如果南极温度持续升高，位于南端的威尔金斯冰架和乔治六世冰架将与南极大陆分离！"

华盛顿或首遭淹没

如果全球暖化按目前的趋势发展下去，南极西部冰架有可能在未来数百年甚至数十年间局部或全部崩塌。一旦冰架全部融化，冰盖也将崩塌，造成全球部分沿海地区的海平面上升6米-7米。

据研究人员报告，南极大冰原融化的水，并非均匀地分散到世界各地海洋中，有的冰水会在海洋强大的引力作用下流向北美洲。

据估计，美国东岸的海平面将上升1米2米，华盛顿特区正好坐落在该地区正中，这意味着华盛顿特区海平面可能上升高达6.3米，到时将成为首个被淹没的地区。大水也有可能把整个南佛罗里达州及路易斯安那州南部淹没，而包括加州在内的北美洲西岸、加拿大沿海、欧洲和印度洋一带以及太平洋沿岸的低洼地区的水淹程度都将超过预期。

由于气候变暖海洋水温升高，巨大的冰层将会融解甚至崩塌，沉重的冰原崩塌后，下面的土地将会出现反弹，这极有可能急剧地改变地球的自转轴，导致自转轴偏移约500米，也就是南极会向南极洲以西转移500米，而北极则会朝相反的方向转移。

2. 北极：2040年或将全部融化

似乎是顷刻之间，全球变暖引起极地冰雪发生急剧变化的可能性变成了现实。2009年夏，大面积的北冰洋海域没有出现结冰，北极地区夏季冰盖的覆盖面积降至历史最低，格陵兰岛冰盖表面的夏季融化也达到了前所未有的水平。格陵兰岛的融水涌入冰缝，在冰川上形成洞穴，即冰川锅穴，然后就像科学家所推测的那样，融水带着夏季的热量，陷入冰盖的底部。

全球变暖导致了北极冰川和冰盖的消融。北极冰盖在地球气候体系中起着重要的作用，它的融化将加速海平面的上升，导致全世界大量人口遭受水灾，并引发全球范围内的极端天气。

北极夏季无冰现象提前

北极在地球的最顶端，且轴心穿过这片土地直指南极。与南极给人"探险、征服、魄力"的感觉不同，北极似乎与生俱来就有一股浪漫气质：空灵、悠长，如同传说中的冰雪仙境，仙境里有可爱的白色北极熊、神秘绚烂的极光、亘古深蓝的冰川……

北极冰川不断融化

北极熊生存困难

而今，这个洁净的冰雪世界正在融化，气温上升打破了这里的平静：深蓝色的冰川一年年的缩减，坚实的冰盖一年年的融化，碎裂的浮冰顺着洋流不知漂向何方，北极的亘古与永恒伴着吱吱作响的冰块断裂声碎成一片一片。

近百年来，北极平均温度几乎以两倍于全球平均速率的速度升高，到 2100 年，这里的气温将比现在高 4 ℃7 ℃。

1978 年以来的卫星资料显示，北极年平均海冰面积以每 10

年 2.7% 的速率退缩，夏季的退缩幅度甚至高达每 10 年 7.4%，冰块最少时候只有 620 万平方千米。

冰川告急

北极地区冰盖融化速度一直比较缓慢，在 2003 年时突然加速，科学家们开始担心北极地区已经跨过了全球变暖的"倾覆点"。

一些科学家通过计算机模拟得出结论——目前的冰川融化速度，再加上温暖的太平洋海水流入，10 年之内，北

北极冰川融化

极地区的夏季将不会有冰盖覆盖。

如果没有冰盖的覆盖，北极将会发生史无前例的巨变，正如这个形象的比喻："就像我们把地球北部的盖子拿掉。"

北极冰川超速融化

当夏季冰越来越少，直到某一天完全消失，北极的冰川也将宣告消失。

美国国家大气研究中心科学家通过气候模拟预测，夏季北极海冰的面积可能在 2016 年的时候从 600 万平方千米减少到 200 万平方千米。

北极冰川急速融化的原因有二：首先，全球暖化令温暖的海

161

流涌向北极，温暖的海水会加速冰层融化；其次，气温升高使冰盖加速融化，通常冰盖可以反射80%的太阳光，冰层消失后，太阳的热能将直接进入海洋，潜藏的海水将比冰原吸收更多的太阳辐射，使得气温升高，令北极暖化及融冰的速度进一步增加。

由美国国家航空航天局（NASA）资助的一科研小组发布警告称，北极冰川的融化速度正在不断加快，如果人类对于温室气体的排放量不认真加以控制，北极冰川将在2040年前后全部融化。

北极变故将引发全球极端气候

生活在北极圈中的因纽特人，或许可以告诉我们一些北极圈的生存现状。

据美国报纸消息称，美国阿拉斯加州的气温过去30年上升了4℃，导致冰川融化，海水上涨，当地的小岛萨里切夫的面积大幅缩减。美国有报告指，阿拉斯加州213个村庄中，有184个遭到侵蚀和水淹，600名居民生死未卜。

42岁的村民托尼忆述过往："随处可看见海面漂浮着近1米厚的冰块。全球暖化会杀死我们，每月潮涨我们都失去4米多的陆地，海浪一年比一年大。海水上升时，我们见到土地被冲走。以往我们没有风暴，因为我们受广阔的结冰海洋保护，但一切都没有了，我们现在时常遭风暴吹袭。"

当地人表示，专家曾说他们的小岛在5年内便会消失。托尼说冰层太薄，他们一年能捕鱼的时间不多，故根本没钱迁徙。

北极协会的八国政府为了了解气候变化对于北极的影响，特地聘请了250多位专家深入北极进行考察与分析。之后，科学家们写出了《北极气候变化影响评估》报告，该报告是迄今为止介绍温室气体对北极毁灭性影响最为全面的文献。报告指出北极地区对于气候变化的反应要比其他地方严重23倍，北极熊将很有可能在 21 世纪末完全灭绝。一些北极特有的鱼种将消失，威胁健康的疾病将随着气候带的迁移而北迁，北极沿海地区将可能因为气候变暖而发生更多的风暴天气和森林火灾。北极地区气候变化所产生的后果还将反作用于气候系统，引起更大的全球变化。北极冰川所储存的大量淡水注入海洋将使海平面上升。海冰的大量融化使得北极地区反射太阳光能力减弱，这也将进一步引起气温变暖。

北极熊的绝望

据美国内政部科研人员 2008 年的调查统计显示，北极地区当前生活着 2 万头2.5 万头北极熊。随着北极冰川持续减少，科学家们预计在 50 年内，2/3 的北极熊可能消失。

在由于海冰消融失去家园之前，北极熊承受着另一种折

北极熊

磨。2004 年，美国科学家在波弗特海发现了 4 头溺死的北极熊。无独有偶，2006 年，英国斯哥特北极研究所负责人朱丽安·多德斯韦尔称又发现了两头溺水的北极熊。2008 年，科学家在美国阿拉斯加西北海岸发现了 9 头正在海水中奋力挣扎的北极熊。

对于长期生活在海冰上的北极熊而言，游泳是它们的长项！流线型体形，善游泳，熊掌宽大犹如双桨，因此在北冰洋冰冷的海水里，它们可以用两条前腿奋力前划，后腿并在一起，掌握着前进的方向，一口气畅游四五十千米。北极熊经常跋涉上千千米觅食，累了就在浮冰上休息。

频频发现的北极熊溺水事件，太不可思议、匪夷所思了。科学家为我们揭开了谜底。

北极熊不是水生动物，它们是以海冰为家的。的确，北极熊可以持续游 40 千米50 千米，但是要游到 50 千米100 千米，就需要在过程中登上浮冰休息。如果没有冰块，它们就会筋疲力尽，面临溺水的危险。而且，在寻找食物的漫长途中，它们的体温会降低、抵抗力变得相当弱，再遇上大风浪，将会面临致命一击。

绝望的北极熊

但是现在北极冰盖不断退缩，其中光阿拉斯加海岸的海冰就已经向北撤退了 260 千米，这就增加了北极熊找到结实冰层的距离。

科学家认为，如果北极的冰层进一步融化，北极熊死亡事件还会增加。

北极的海冰迅速退缩，有些浮冰随着洋流漂向临近的五国——美国（阿拉斯加州）、加拿大、丹麦、挪威和俄罗斯的北极海岸线。北极熊由于失去大片赖以捕猎的浮冰，不得不冒险前往人类居住的地方捕食。

同样，生活在北极的海豹也失去了稳定冰面，从而不得不爬上它们不熟悉的陆地产崽。

3. 人类：直接影响生活方式

气候变暖会使企业的生产效率发生改变，但对农业生产的影响会更直接、更突出。研究显示，海拔高度每升高 100 米，地球气温就会降低大约 0.6 ℃，这大致相当于纬度向北推 100 千米。假设未来温度升高 1 ℃，现有的作物种植界限就会向南或向北摆动，导致传统种植区域发生很大的改变。例如香蕉以前只能在南方热带种植，气温升高后，以前没有种植条件的北方也可能适合其生长。随着种植界限的改变，作物的产量也会发生变化，喜温的作物可能产量增加，但同时可能产生一些热害，导致高温、干旱。

另外，气候变化会令能源消耗结构发生变化，生活模式转变亦将影响到各行各业，起码冷气机生产商现在可以考虑拓展北极市场。

据香港《文汇报》报道，加拿大魁北克省一个 2000 多人的村庄，2006 年 8 月底的气温高达 31 ℃，这导致当地的因纽特人为 25 名办公室职员添置了 10 部空调。为因纽特人争取权益的克卢捷表示，北极地方密闭的房屋原本是用来御寒，但在炎热天气下房里气温非常高，人们只有借助空调降温才能正常工作。

人们的行为方式、生活习惯也会发生改变。在人类的文化活动方面，比如旅游，尤其是比较发达的国外海岸带旅游，在气候变暖后都会有很大的变化。以前冬天冷，人们可能不愿意出门，现在气温升高，冬季的旅游活动会增加。

人类是生态系统中的一员，气候变化对人体健康的影响也显而易见：热浪冲击频繁加大，导致死亡率及心脏、呼吸系统等疾病发病率增加；疟疾、登革热等对气候变化敏感的传染性疾病的传播范围可能增加；随着居住环境的变化，人的机体抵抗力和适应能力下降，伤寒、痢疾等传染病将成为常见病。

俄罗斯科学家的研究认为，全球气候变暖会改变人类居住环境，从而导致人健康状况的恶化。研究发现，在降水比较多的部分地区，由于水位上升，人们饮用最多的是靠近地表的水。而地表水的水质会因地表物质污染而下降。人饮用这样的水，会患上皮肤病、心血管病、肠胃病等各类疾病。

4. 生态系统：遭遇隐形破坏

全球气候变暖对许多地区的自然生态系统已产生影响，自然生态系统由于适应能力有限，容易受到严重甚至是不可恢复的破坏。

地球变暖使海平面上升

气候变暖对生态系统的影响可以说是一种隐形破坏，因为这种变化不易被察觉，却在分分秒秒地改变着整个地球，其中最典型的是植被的分布格局。这里的植被是广义的，农作物、森林都包括在内。它们传统的分布空间、分布规律相对固定，气候变暖后界限温度改变，全球范围内的传统分布格局就会被打破，植被结构会发生重大变化，从而带动一系列的连锁反应，例如会导致有害生物的增加甚至变异。事实上，目前国内国际都有人专门研究未来的病虫害防治。

有科学家认为，气候变暖很可能对物种及其生活环境产生重大影响。尽管我们对气候变化如何影响生物多样性的了解还很有限，但最新的研究确定了一些由气候变暖带来明显改变的地区，例如把草很高的草原和混合草原分隔开来的过渡地带，降水和温度的改变可以使这些分界线发生移动。某些生态系统扩展到新地区，而其他生态系统则因气候变得不再适宜原有物种生存而缩小范围。

此外，科学家们还发现，气候变化也急剧加速了物种的灭绝。对全球 5 个地区的最新研究表明，如果气候持续变暖，濒临灭绝的物种数量将显著增加。从事该项研究的科学家们预测，由于气候变化，这 5 个地区到 2050 年将会有 24% 的物种行将灭绝。

全球变暖导致冰川大量融化

该研究还指出，气候变化对许多物种生存造成的威胁要比破坏它们自然栖息地的威胁更大，种群本身的结构也会发生改变，主要物种间形成新的竞争关系、传统的生态结构将发生变化，而这些变化带来的影响是相当复杂的。

全球变暖导致大西洋飓风倍增

此外，气候变暖对生态系统更大的影响可能表现在两个方面：一个是地球的化学循环，另一个是地球表面的能量交换。

全球变暖导致灾难频繁

地球的化学循环是指生命元素的地球化学循环，主要包括碳、氮、磷的循环；而地球表面能量交换是指地表每年释放、吸收能量的多少。

气温升高带来的植被结构和物种种群发生的变化，会引起地球化学循环的形势发生变化，并最终导致能量平衡的变化，从而引起全球的热量平衡场变化，使大气环流发生改变。

打破自然界传统平衡

在全球变暖的背景下，中国东南沿海、西南、西北、内蒙古和东北部分地区洪涝灾害增加，黄河中游以南和华北平原干旱增加。北方地区增加的少量降水可能抵不上蒸发消耗，旱灾仍在继续波动性扩大。干旱发生频率和强度的增加将加重草地土壤侵蚀，从而增大荒漠化的趋势，严重的缺水形势将难以缓解。

气温升高导致冰川融化已经是不争的事实。大量的冰川融化使海平面升高，各个地区的海岸带也在随着海平面的升高不断变化。海平面上升会导致海岸带的变化，这对全球影响很大，对沿海国家和岛屿国家的影响也更为明显。比如中国的上海、日本的东京，这些大型沿海城市的海拔高度较低，如果海平面持续上升，这些地区很可能会被逐渐淹没掉。

随着海平面上升，海岸带地区的经济将受到很大冲击，这些地区的居民、工厂需要考虑搬家。另外在海浪防治方面，需要加高和加强防护堤。红树林、草地、湿地等在维持地区生态格局中发挥重要功能的海岸带生物群落，会随着海岸带的变化面临消亡。很多岛屿国家都在担心，海平面升高后人要住到哪里去。

海平面的上升还会导致海水倒灌，这是个很严重的问题。在海水和淡水的交汇处有一个混合区，很多年以来，这个区域海水和淡水的进出是平衡的，海平面升高将导致出海口区域的盐分发生变化，从而影响整个区域内人类的生存环境。

例如，在海平面上升 50 厘米的条件下，长江口百年一遇的风暴潮将变为 50 年一遇，珠江口 50 年一遇的风暴潮将变为 10 年一遇。考虑到未来台风频率的增加，风暴潮灾害将更加严重。

此外，自然界的降水规律也可能发生变化，水资源的季节性分布和时间分布会有很大改变。这种变化也有两种可能性，有人认为可用水资源总量会增加，也有人预测会减少。但不管怎样，传统的区域间水量平衡会发生变化，之前水域地区、半干旱地区、干旱地区的界限会被打破。有研究发现，原本气候湿润的地区会出现季节性干旱，比如中国南方地区过去雨量比较充沛，但近年统计数据显示，南方相对干旱的季节变得更干旱了。

大量研究还表明，传统的降水规律可能会改变，比如中国每年八九月份是降水的高峰季节，每个区域都有其传统的降水分布。新的气候变化，可能会导致一些过去没有出现过的情况出现，例如暴雨的增加，将直接导致水土流失和土壤侵蚀加剧，进而增加滑坡、泥石流等地质灾害的发生频率和强度。

警告：世界经济的噩梦

在气候不断变暖的过程中，欧洲阿尔卑斯山的冰川面积比 19 世纪中叶缩小了 1/3；非洲乞力马扎罗山的山顶冰冠自 20 世纪初期至今已经缩小了 80%；北极冰层在过去的 50 年中已变薄 40%；"世界第三极"青藏高原的冰川消减速度近年来呈加速趋势，预计到 2050 年冰川面积将比现有面积减少 28%。

根据专家的分析，地球接收到的一半太阳光被地球南北两极的冰盖、高原冰雪及云层反射掉，所以大约只有 47% 照射到地球表面。冰盖面积缩小，被反射掉的太阳光减少，会使地球的温度进一步增高，从而使冰雪融化得更多，冰雪面积进一步缩小。在这种恶性循环下，全球气候持续变暖已经不可逆转。

据 IPCC（联合国政府间气候变化专门委员会）预测，从现在开始到 2100 年，全球平均气温的"最可能升高幅度"是 1.8 ℃～4 ℃。残酷的现实及振聋发聩的预言让人们为一个日益"发热"的地球绷紧了神经。

IPCC 在其报告中称，国际社会对气候变暖的关注度已经超过了美伊对抗等国际事务。在世界知名的《自然》杂志评选出的十大年度科学大事中，全球气候变暖榜上有名。无独有偶，英国气象学家警告说，全球变暖给人类带来的危害不亚于核武器等大规模杀伤性武器。

1. 残酷的现实，人类是"元凶"

虽然导致地球变暖的因素中有自然活动，如火山爆发，但以大规模工业化为主要标志的人类经济活动，才是气候变暖的最大推动力。IPCC 的最新评估报告旗帜鲜明地指出，过去 50 年中，全球气温异常地快速升高与人类的温室气体排放密集期正好相吻合。

人类活动引起的全球气候变化，主要表现在两个方面：一是直接向大气排放温室气体，例如工业生产过程直接向大气排放二氧化碳和甲烷等；二是人类活动改变了气候，如森林砍伐直接削弱了大气消化二氧化碳的能力，农业活动改变了土地利用状况而增加了大气中的甲烷。而在上述两个因素中，温室气体的排放最为猛烈地导致了气候变化。

二氧化碳是引起全球气候变暖的罪魁祸首。研究表明,从地球上无数烟囱、汽车排气管排出的二氧化碳约有 50% 留在大气里,而二氧化碳所产生的增温效应占所有温室气体的 63%。世界气象组织的研究报告指出,自 1750 年以来,地球大气中二氧化碳含量增长了 35.4%,且目前已经远远超出了工业革命前的浓度范围,达到了 65 万年以来的最高峰。仅 2006 年全球二氧化碳的排放量就增加了 33%,达到了地球有史以来的最高水平。

一个研究结论是:大气中二氧化碳含量每增加 25%,近地面气温将会升高 0.5℃。

除了二氧化碳之外,甲烷、一氧化二氮等致热气体也在近百年人类工业化过程中与日俱增。目前发达国家仍是温室气体的主要排放者。发达国家人口虽然仅占全球的 20%,但排放的二氧化碳等温室气体却占全球的 66%,其中美国名列第一,二氧化碳排放量占总量的四分之一。

目前人们已经认识到它的危害性,并开始采取措施来避免这一事件的进一步发展,如控制温室气体的排放、禁止使用氟利昂等。相信经过全人类的共同努力,全球气候变暖的趋势将会得到遏制。

2. 振聋发聩的预言,世界经济须付出代价

动植物灭绝、各种瘟疫流行、飓风与热浪等恶劣气候频频出现……尽管气象学家们制造的预言有点危言耸听,但由于无节制地排放温室气体导致全球变暖,使人类所遭受的"惩罚"早已开始。

气候变暖,也使全球经济必须为此支付巨大的代价。

联合国环境规划署发表的一项报告认为，如果在未来 50 年中，各国不能采取有效措施减少温室气体的排放，每年就将有高达 3000 亿美元的经济损失。

IPCC 也认为，如果在 2030 年前不能将温室气体的浓度控制在 450 ppm550 ppm 二氧化碳当量之间，全球的 GDP 可能每年损失 0.2%3%。

英国政府《斯特恩报告》（*Stern Report*）则指出，气候变暖将导致全球 GDP 每年降低 5%10%。

目前，世界大约 1 亿居民居住在海平面 1 米以内的区域。海平面仅仅上升 10 厘米就可能使马尔代夫、塞舌尔等许多海岛从地面上消失，上海、威尼斯、香港、里约热内卢、东京、曼谷、纽约等海滨大城市及孟加拉、荷兰、埃及等国也难逃厄运。人类数百年苦心经营的工业化成果将付诸东流。

干旱、火灾、热浪、风暴等极端天气是气候变暖的直接表现。据统计，20 世纪 90 年代，全球发生的重大气象灾害比 1950 年多了 5 倍，造成的年均经济损失从 1960 年的 40 亿美元飙升至 1990 年的 290 亿美元。IPCC 报告预测，全球变暖将使地球上近 10 亿人受到缺水的影响，气候恶化和生态失衡将产生大量的"气候难民"。英国"眼泪基金会"报告称，目前已经有 2500 万气候难民，预测未来 50 年将会产生 2 亿气候难民，全球经济发展过程中的补偿成本将随之无节制地放大。

农业是气候变暖过程中最为脆弱的行业。由于全球气候变暖带来的旱灾，世界银行在撒哈拉沙漠以南的非洲地区开展的农业扶贫项目中有四分之一将面临危机。不仅如此，联合国粮农组织研究报告指出，如果气温升高 2 ℃，农业可能减产 30%；如果不对气候变暖采取任何措施，到 21 世纪后半叶，全球主要农作物如小麦、水稻和玉米的产量最多可下降 36%，这将严重影响全球的粮食安全。

经济落后国家将成为全球气候变暖的重灾区，特别是非洲地区，撒哈拉沙漠面积扩大已经成为该地正面临威胁的主要标志。尽管非洲是废气排放量最少的大陆，但由于经济落后、贫困严重，其应对自然灾害的能力也更弱。

漂浮计划——打造新挪亚方舟

无论是中国的洪水神话，还是《圣经》的挪亚方舟寓言，都记录了人类曾几乎毁于一场大水的命运。全球气候变暖，海平面上升，地球上的一群人，正在计划着一种应对方式，那就是"漂浮城市计划"。

据 2007 年一份调查研究显示，全球海平面以上不到 10 米的地带，包含大约世界 2% 的陆地和 10% 的人口。至 2100 年，全球变暖导致的海平面将上升 18 厘米~59 厘米。即使那些在海平面10 米以上地区居住的人，在接下去几年内也很容易受到气旋、土地下沉、三角洲受侵蚀、海水灌入农田等灾害的袭击。其中，中国的处境最为危险——有大约 1.43 亿人居住在沿海，其次是印度、孟加拉国、越南、印度尼西亚、日本、埃及、美国和荷兰。

面对海平面上升，不少人从《圣经·创世纪》里得到启发，提出对策。上帝下了淹灭令，挪亚以方舟令众生幸存于洪荒时代。现下居安思危的我们不妨也造出一些"方舟"来，如此，即便到了洪水滔天的那一日，人们也无须惧怕——或许还可以在"方舟"上安心地凭栏观赏、自在漂流。

早年，法国科幻作家儒勒·凡尔纳就在小说中写过一个类似的构想：一座钢铁建造的机器岛，设施机构齐全，生活极尽奢华。

1. 东京湾的海上城市

20世纪60年代，美国著名建筑力学家和工程师巴克·富勒受一位日本富翁之托，为东京湾设计一座海上城市，它是带有公寓单元的组合四面体结构，锚定在近海海湾，以桥和大陆相连。

富勒一共提出三种类型的"漂浮屋"：几乎完全浮在水面上的、半浮在水面上的和完全沉浸在水底的。最后一种形状为球形或圆柱形，仅仅通过一条垂直的通道伸到海面上作为出入途径。主体沉浸在海面以下，便于避开海面上的风浪和动荡。富勒的梦想最后因资助者早早去世而没有得到实现，但这个大胆构思得到了后世建筑师的膜拜与追随。

2. 荷兰人的"漂浮之城"

荷兰是世界上最有可能被淹的国家之一。海平面上升对他们造成的困扰比比皆是，如为了防止在该国入海的莱茵河出现倒流现象，荷兰人提出河流改道规划，所以一种"漂房"早早就被该国建筑师列入规划。

他们一共设计了两种漂浮在水上的住房：一种像船一样没有固定基座；而另一种连接在地基上，当洪水来袭，上层建筑会自动水涨房高。

房子里的供水和供电管道都由柔性材料制造，以便能够很好适应水体运动而带来的形变。而在其他方面，漂房和普通房子区别并不大，有木质阳台，也有外部围栏。它们的造价并不便宜，起价达一幢 31 万美元，因此大部分漂房将面向发达国家销售。

在建筑设计上，这种两栖房屋非常特别。它们没有地基，而是试用了中空的混凝土基座，填充泡沫材料，使两栖房屋有漂浮的能力。防水基座的底部由钢柱支撑，如果洪水淹到基座，房屋将会漂离钢柱，最多可升高约 5.48 米。房屋用滑链连接两根 5 米高的停泊杆，涨潮落潮时，住宅会沿着停泊杆升降，而不会"随波逐流"，建筑内的各种电线、天然气管也都可以随着潮水伸缩。

3. 美国的"自由之舟"

美国佛罗里达的一家工程设计公司在 20 世纪末提出了"自由之舟"这个超级海上项目，其规模之大令人惊赞——如果建成，其将长 1400 米，宽 230 米，高 110 米，光长度便是当时世界上最大的豪华游轮"玛丽女王"2 号的 4 倍。设计师诺曼·尼克松强调说，"自由之舟"不只是一艘游轮，它是用来生活、工作、退休、度假和游览的。

"自由之舟"将组建一支由水翼艇组成的交通运输队，往返于船和海岸码头之间，负责为居民和游客摆渡。它还将投建一条 1158 米长的直道，作为乘客数不超过 40 人的私人飞机或小型商务飞机的跑道。同时，"自由之舟"还有停车场、码头，甚至还有一条短途地铁。

"自由之舟"上的娱乐生活和陆地上一样丰富，人们可以去各种餐厅用餐，去赌场玩色子或老虎机，去夜店蹦迪，去酒吧喝酒，去剧院看歌剧；高尔夫、游泳、体操、溜冰等各项运动所需要的体育场馆统统都有；和外界的信息沟通也非常方便，每户人家都可以看到 100 多个卫星电视频道，互联网随时可用。

"自由之舟"将拥有 25 层的高楼，里面包括 17000 个住宅单元，连同管理这个城市的职员在内，总居住人口能达到 6 万。这座漂浮的城市会持续在洋面上漂泊，到地球上大部分沿海区域转一圈，以 3 年为一个周期。所以，船上的居民不出家门就能进行环球旅行。

城市中的雇员，将有机会享受食物、房屋、衣物、教育、医疗在内的一切权利。舟里有一个严密的安全系统，警察 24 小时巡逻。船上的每位工作人员都要接受安全训练。

对于那些有能力在"自由之舟"上生活一段时日的人（目前的估价在几百万美元一人次）来说，最吸引他们的在于此处不设地方税，个人所得税、买卖税、商业税、进口关税也一应全免。舟上拥有一个免税商场，里面有一个总计 16 万平方米的商铺，供各大品牌摆上他们的产品。

此外，此处大力提倡环保概念。不设下水道，使用焚化厕所，每个造价 3000 美元，所有排泄物将被烧掉，剩下来的灰会被撒到花园作为肥料。废油则会被运往蒸气车间用来发电。所有废弃的玻璃、纸、金属都要回收。据估计，平均而言，"自由之舟"的居民要比他们在陆地上少生产 80% 的垃圾。

4. 瑞士太阳能潜艇

好莱坞灾难电影《未来水世界》中，世界一片滔天洪水，看得人心有余悸。现实中，因为全球升温，像图瓦卢、马尔代夫这样的国家可能将被淹没，这对于居住在这些国家的人们来说等同于"世界末日"。

一旦海水淹没了家园，潜艇或许是一个不错的新窝，而以太

176

阳能来提供能源的潜艇则是最符合环保主题的逃生装置。有消息称，世界上第一艘太阳能潜水艇准备航行于瑞士图恩湖湖底。这是瑞士一家能源公司水下太阳能计划的首步实践，仅仅这一计划的投资就达到 1000 万瑞士法郎。

这艘太阳能潜水艇将以漂浮的太阳能平台为动力，可以循环储存航行所需的能量。该太阳能平台看起来像是一朵睡莲，由 5 块漂浮的带有太阳能电池的"花瓣"包围着"花蕊"组成，通过太阳能平台持续给潜艇提供能源。

据了解，这艘潜艇一开始将作为旅游潜艇使用，预计最深能下潜 300 米。将可搭载 20 名30 名乘客沉入阿尔卑斯山图恩湖底，一览壮观的湖景与山景。随着计划的成熟，瑞士将来可能建造更庞大、能搭载更多乘客的潜艇。

5. 巴黎的"AZ 岛"

巴黎建筑师让·菲利浦 - 佐皮尼设计的"AZ 岛"为一座长 400 米、宽 300 米、高 80 米的浮岛，可以容纳 1 万人，其中本岛居民 3000 人左右，另外设置的 5000 间客房，至少住得下 7000 名前来观光或避难的客人。

强大的动力系统使它能够在海上保持大约 28 千米/时的航速。一旦"AZ 岛"建成下水，将从地中海出发，沿着加勒比的安的列斯群岛，一个岛一个岛地漫游，直抵波利尼西亚群岛。考虑到沿途可能遇到的极端情况，它具有抵抗 20 米惊涛骇浪的特殊设计。

在目前的情况下，全世界还没有任何一家造船厂有能力一次造成如此规模的海上平台，所以投资者阿尔斯通公司计划把该岛的基础部分划成 8 块9 块构件——每块只有标准足球场大小——分头完成，运到海上组装到一起，之后再修建延伸部分。

番外：格陵兰岛——冰融速度为 5 年前的 3 倍

格陵兰岛由前寒武纪结晶岩构成，其前身是海底大陆，由大陆板块碰撞而形成，是世界上最古老的岛屿。格陵兰岛面积216.6 万平方千米，约是法国的 4 倍，位于北美洲东北，北连北冰洋，南经

格陵兰岛冰雪加速融化

挪威海通大西洋。如果没有格陵兰的阻隔，也许北冰洋和大西洋就合二为一了。

格陵兰西面隔巴芬湾、戴维斯海峡等与加拿大的北极岛屿相望，东边隔丹麦海峡与冰岛对望。全岛约 4/5 地区处于北极圈之内，85% 的领土被冰覆盖，算是除南极洲以外冰川面积最大的大陆岛。

格陵兰岛可谓是"冰雪仙境"，有高耸的山脉、绵延的冰山、壮丽的峡湾和古老的岩石。冬季时分，长达数月的极夜，色彩绚丽的极光偶尔会在格陵兰上空出现，抬头仰望苍穹，天韵神姿、如梦如幻。在夏季，格陵兰终日艳阳高照，俨然成为日不落岛。

然而，这里的冰川融化崩裂却在影响整个地球的命运。

几年前，由美国与德国合作的卫星重力计划研究组（GRACE）就开始对格陵兰岛跟踪研究，其发表在《科学》杂志上的研究成果带着一股不祥的预兆。

该研究报告的第一作者是来自美国奥斯汀得克萨斯大学的陈建力。他在报告中写道，之前的一些研究表明，格陵兰岛的冰盖

自 2004 年以来正以每年 240 立方千米的速度消融，较之 1997 年-2003 年间每年 90 立方千米的消融速度，明显加快了约 3 倍。这一最新研究成果为全球变暖提供了更多的事实证据，同时暗示了正在消

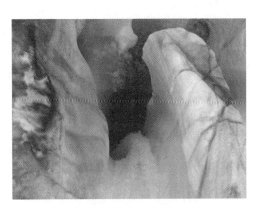

格陵兰岛"冰融"

融的极地冰雪将会导致全球海平面的上升。

来自格陵兰自然资源研究所的瑟伦·里斯戈德教授也通过雷达、卫星和 GPS 跟踪得出，格陵兰南部和西部地区冰川的融化速度比两三年前加快了 3 倍，而东部地区的冰川融化速度加快了 3 倍。科学家们的研究结果都指向了"格陵兰岛冰融速度加剧"的事实。

在冰盖迅速消融的同时，格陵兰岛海岸的所有冰川已经历或即将经历加速移动。1996 年以来，由冰川流动造成的冰损失主要是在格陵兰岛东南部冰川出口处。2000 年以后，更北部的冰川流速也加快了。

格陵兰岛冰盖加快融化

彼得曼冰川是格陵兰几个不稳定的冰川之一。它是世界上最北的冰川，整个冰川有 20 千米宽，不仅表面结构复杂，内部和底部也极其复杂。

2008 年夏天，一块面积达 30 平方千米的巨大冰块自彼得曼

冰川上断裂坠入格陵兰岛西侧的肯尼迪海峡，这起事件在当年科学界无疑是一大爆炸性的新闻。

2009年7月12日，来自英国阿伯里斯特威斯大学的冰川学家阿兰·哈伯德与合作者美国俄亥俄州立大学的冰川学家杰森·博克斯、理查德来到彼得曼冰川，实地寻找这块北极敏感伤口再次碎冰的证据。

考察期间，科学家们发现彼得曼冰川的前缘正在断裂，冰川内面积100平方千米的区域布满裂缝，有些甚至接近500米，还形成了小型河流，整座冰川吱吱作响，似乎随时都会发出摄人心魄的崩裂声。

专家通过分析预测，这里很有可能在一个多月的时间里释放出一座浮在海面上向南漂流的"冰岛"。在杰森·博克斯看来，一块浮冰大到能让一两百人在上面驻扎便足以称为"冰岛"。他们预测，彼得曼冰川首次释放的"冰岛"面积可能有20平方千米，之后还会陆续断裂出5座"冰岛"。

在杰森·博克斯仔细地监测格陵兰岛32个主要冰川变化时，发现2006年2007年间，格陵兰的冰架面积减少了62.9平方千米；2007年2008年，该数字惊人地达到183.8平方千米，几乎是前一年的3倍。

2001年，美国国家航空航天局喷气推进实验室的艾瑞克·瑞格诺用卫星遥感数据研究彼得曼冰川时，发现"格陵兰岛上包括彼得曼在内的三个大冰川每年的质量收支为负数，其每年大约丢失掉4立方千米的冰"。2008年，他又发现冰架底部的融化速度是表面融化速度的20倍，是释放冰山的18倍。"如果这种状况对冰架来说是普遍的，那就意味着由温暖的海水所引起的冰架融化将比基于冰架厚度减小所做的预测更快地令冰架破裂。"他和美国科罗拉多大学的康瑞德·史戴芬在2008年的论文里同时论述道。

据统计，目前全世界有几万枚核武器，只要其中的千分之一被滥用，就足以导致人类末日提早来临。

第五章

可以让人类重回刀耕火种时代的"核冬天"

集结在柏林墙东侧的苏联和华约坦克大举西侵，一枚核弹道导弹击中一个西德城市，停泊在波斯湾上的一艘美国军舰突遭攻击；美国以攻击一艘苏联军舰作为报复，苏军随即用一枚核弹击中北约地区总部……就像一长列蜿蜒的多米诺骨牌一样，当第一张牌被推倒之后，整个链式反应再也无法刹车。

在堪萨斯州、密苏里州交界处的美国大型战略导弹基地，一枚枚"民兵"洲际弹道核导弹从成排的发射井中呼啸而出；与此同时，美国空军发出紧急警告：300多枚洲际弹道导弹正在向美国飞来。堪萨斯城被两枚导弹击中，无数居民当即丧命于巨大的蘑菇云下；侥幸活下来的人必须面对放射尘埃的致命威胁。人们熟悉的家园成了一座废墟遍地的死城……

这是美国科幻电影《翌日》描绘的核战争的恐怖后果，这一幕被科学家卡尔·萨根用"核冬天"来概括。

事实上，随着美苏冷战的结束，人类面临的核威胁变得更加严重了。

人们认识的"核妖怪"

由于核武器问世不久就造成了震惊世界的广岛、长崎惨祸，因此，爱好和平的人们很自然地就把原子弹与惨重的灾难联系在一起。于是，核武器或核战争就有了"核恶魔""核妖怪""核浩劫""核瘟疫"等恶名。

不过，人们对核爆炸的威力究竟有多大、核妖怪究竟有多可怕的认识，是有一个由浅入深的过程的。对于核爆炸所带来的严重危害，人们是在后来才有切身体会并获得较深刻、较全面的认识的。时至今日，人们对大规模核战争的严重后果也很难说有了十分清楚的认识。

1. 原子弹是否等于大量燃烧弹

将近三个世纪之前的 1721 年，法国启蒙思想家孟德斯鸠曾通过武器发展的内在逻辑进行深思，预测武器发展的前景。他说："我觉得不寒而栗，生怕到了最后，有人发现某种秘密，而能用最简捷的方法，置众人于死地，整个地摧毁一切民族和一切国家。"

这一预言在原子时代变成了残酷的现实。温斯顿·丘吉尔曾经形象地描述过美苏两个超级大国所拥有的核武器的可怕破坏力，说："每一方都有着能使废墟再翻来覆去弹跳许多次的绰绰有余的力量。"

然而在核武器问世以后的相当长的一段时间里，许多人都没有发现核武器与常规武器之间的本质区别，只是从表面上看到它们的破坏力有量的差别。

20世纪40年代，作为美国国务院政策规划研究室主任凯南副手的保罗·尼采，曾作为战略轰炸调查的负责人，成了第一个看到广岛、长崎废墟的美国人。他后来回忆说：他去考察，任务是"准确地估量原子弹的影响——不要用带感情的语言来描绘，而是给出准确的测量"。

原子弹爆炸

"测量"的结果让他得出的结论至少有两点：其一，在广岛所造成的毁坏不过相当于210架B－29轰炸机投掷的燃烧弹所造成的毁坏；其二，原子弹是可以并可能再次使用的武器。

原子弹爆炸的瞬间

总之，在尼采看来，原子弹与燃烧弹没有本质的差别。既然常规武器世世代代都在使用，那么核武器也理所当然地"可用"。至于其结论是否像预期的那么准确，就需要打一个很大的问号了。

以为垄断核武器或占有核优势，就能任意在世界上发号施令、称王称霸的想法，其实就是把核武器当作常规武器来对待。不能不说疯狂的核军备竞赛与"可用论"有着直接联系。

为了获得绝对的核优势，美国从 20 世纪 40 年代起就加紧贮存核武器。1947 年美国只有十余枚原子弹，1948 年达到几十枚，1949 年随着军事规划者们开始认识到原子弹是一种强有力的威慑形式，美国的原子弹在短期内便增加到几百枚。随后，美苏之间的核军备竞赛开始了，直到苏联解体为止，全世界的核武器已达到几万件，所有核弹头的爆炸力大约相当于 120 万枚广岛原子弹。若按当时全球 50 亿居民计算，平均每个人都可以摊到 3 吨左右的 TNT 当量。这些核武器，绝大部分控制在美国和苏联手中，这些核力量足以将全球反复摧毁十几次。

美苏之间的核军备竞赛，曾经是全球性问题中最危险的问题。因为这种军备竞赛和常规武器的军备竞赛不同，它不仅孕育着消灭整个人类乃至地球上一切生物的巨大危险，而且即使不发生这种危险，核军备竞赛如果无限制地发展下去，也将使人类陷入困境，人类为解决生存和其他紧迫问题所需要的人力和物力将被消耗殆尽。核武器竞赛，事实上已经把两个超级大国拖入耗损国力的深渊。苏联的解体，不能说与国力不相称的沉重核武器竞赛拖累没有关系。

2. "核妖怪"的五大杀伤破坏效应

人们把核武器叫作"核妖怪"是很有道理、很有见地的。"妖"不仅是人的对立物，具有邪恶的本性，而且具有妖媚、迷惑人的一面。

广岛、长崎两颗原子弹的爆炸虽然令人震惊，但当时人们对原子弹破坏力的认识多半限于冲击波和光辐射，而对于贯穿性辐射（又称早期核辐射）、放射性沾染与核电磁脉冲等三大杀伤破坏效应，缺乏起码的知识。

1945 年美国原子弹爆炸成功

其实，核武器的五大杀伤破坏效应，除核电磁脉冲外，其余四种中的任何一种，都足以置人于死地，尤其是放射性沾染，对人体的损害无声无息，使人难以觉察。

1945 年广岛和长崎的两颗原子弹，虽然没产生多少放射性碎片，但是核沾染所造成的危害让人生畏。广岛遇难后，有些人不知道核沾染及其危害，为救护或寻找熟人闯入被炸地区，结果这些人都由于受到第二次放射能的侵害而伤亡。

据联合国和日本 1986 年在北京共同举办的"核战争威胁与核能和平利用展览"介绍，广岛原子弹爆炸时，"在一两秒钟内，全市 40% 的地方变成了焦土，92% 的地方不能辨出原来的面貌。一年后，广岛宣布有 118661 人死于此次轰炸……至今为止，死于此次轰炸的人数已超过 20 万名"。长崎原子弹眨眼之间"毁坏了三分之一个城市，有 7.4 万人死亡，7.5 万人受重伤"。在伤亡人员中，很多人是受到放射性沾染的伤害。

然而，按今天核武器的破坏力来衡量，广岛、长崎原子弹都是原始核武器，其破坏能力也都是最低限度的。20 世纪 50 年代的超级原子弹和氢弹，其五大杀伤破坏效应，都是原始核武器所望尘莫及的。

只要有结构简单的防空洞，知道一些初步的防护知识，我们就可以对初期的核爆炸进行有效的防护。在广岛核爆炸中，有人利用了离爆炸中心较近的防空洞就未被炸死；钢筋混凝土建筑物的地下室也经得起破坏。但是这些建筑物在百万吨级的氢弹面前不堪一击。

长崎核爆炸

当一枚百万吨级的氢弹爆炸时，其冲击波足以把方圆数英里（1英里≈1.6千米）内的所有建筑物夷为平地。美国和日本的研究结果一致显示，在爆炸氢弹中心2英里以内，98%的人都会当场死于冲击波；5英里以内的普通房屋将被摧毁并无法修复；10英里以内所有住宅的门窗都会破碎。

核爆炸时形成的核火球，最初温度可达几千万摄氏度。在离爆炸中心5英里的范围内，凡是站在露天或靠近窗户的人，

核爆炸下的广岛废墟

裸露的皮肤会因灼烫而被严重烧伤，身上的衣服也会燃烧起火。核爆炸的灼热还会产生可怕后果：房屋的窗帘、家具和其他易燃物都会突然着火；加油站、煤气厂、树木等凡是能着火的东西都会燃烧起来。分散的大火最后将汇成一片火海，四处蔓延，一直烧到没有任何东西可烧为止。

烈焰腾空，熊熊大火还会引发空气的抽吸作用，导致破坏性极大的飓风出现。这时，风暴温度可达 1000 ℃甚至更高，导致"风暴性大火"的出现。人若遇到这种致命的大火，即使不被烧

成灰烬，也逃脱不了窒息致死的厄运。躲在坚固掩蔽处的人，能够不受冲击波的伤害，但躲不过风暴性大火所带来的死亡。

核武器威力很大

核爆炸的五大杀伤破坏效应中，对人类最危险的，还是核爆炸后四处飘落的放射性尘埃的放射性沾染。

1946年，美国在太平洋西部的比基尼环礁爆炸了两颗原子弹，每颗核弹的威力为2.3万吨当量。第一颗原子弹爆炸后数小时，一名18岁的美国水兵约翰·史密特曼乘驱逐舰进入了靶舰停留的比基尼环礁海湾。他和其他几名水兵奉命登上其中的一艘靶舰去灭火，完成任务后跳到海湾里游泳，却没有得到任何保证安全的指令。当他穿着短裤站在驱逐舰的船头时，看到了另一颗原子弹爆炸的火球在天空出现。

据《纽约时报》报道，1983年秋天，史密特曼失去了双腿，一只手残废，正住在田纳西州的一家医院里，他患了淋巴结癌，生命垂危。辐射专家认为，他患病的原因是其在比基尼环礁上受到了核爆炸的辐射伤害。

当核弹近地爆炸（核战略家们称之为地爆）时，大量的泥土、碎石与炸弹碎片被一起抛到空中，形成人们所熟悉的悬浮于空中的蘑菇状烟云。核爆炸引起的强烈辐射，使抛入空中的泥土、尘埃成为放射性沾染物。在数小时内或数天之内，微尘和碎片又会回落到地面上来，将具有可以置人于死地剂量的放射物质撒到数百平方英里（1平方英里≈2.6平方千米）的范围之内。人们只有待在地下很深的钢筋水泥掩体中，才能避免放射性尘埃的伤害。

放射对人体的危害，从开始到衰减，其危险期在最大污染区可达数月甚至更长时间，最小污染区也达两周之久。

战争的恶迹

和平是一切热爱生活的人们的夙愿。人们不希望自己生活在水深火热之中，也不希望地球上的其他居民因为战争而饱受创伤。和平是保护环境的先决条件，相反，战争是破坏环境的元凶。时至今日，战争已经吞噬了几十亿人的生命，消耗的财富更是难以计算。仅在20世纪的50年代里，人类用于战争的费用就高达50万亿美元，而这一数字可满足当时全球人口50年的生活消费或让5亿多个家庭都能享有一座豪华宅院。

在人类历史的长河中，最初，人类和其他生物一样，作为大自然的一部分出现在地球上。那时候，人类和周围的其他生物相互依存，共生共荣。但随着人类社会的发展，战争这个恶魔出现了，战争对环境的影响也随之出现了。

人类走向辉煌的每一步中，和平都是人们热烈追求的，而战争始终都让人们深恶痛绝。战争不仅导致亿万生命的丧失、巨额财富的损耗，而且严重破坏了人类赖以生存的地球资源和自然环境。人们在和平时期艰辛创造的财富，会在战争中被无情地耗尽：20世纪的一战耗掉金属几千万吨，二战的消耗则高达上亿吨；1991年，中东的海湾战争爆发，仅仅几十天的战争，消耗的金属与二战相差无几。

战争对自然环境的破坏更为严重，它能造成严重的生态破坏和空气污染。不管战争双方是出于正义还是自我保卫，客观上都对环境造成了破坏。

二战期间，苏德战争毁掉森林几千万公顷，毁掉花圃果园几十万公顷，炸死各种大型动物一亿头以上，使自然环境遭到严重破坏。在海湾战争中，有几百万吨原油泄入波斯湾，使大量生物窒息而死。世界环保组织预测，海湾战争使几十种鸟类灭绝，波斯湾水生物种的灭绝难以计算。

战争和油田大火造成的大气污染对地球构成的危害，更是难以估计。石油燃烧释放的烟雾伴随着战争硝烟卷向天空，影响了亚洲季风，导致了印度和东南亚干旱。沉积在海湾地区的几百万吨硫黄和氧化氮，给当地的农业造成了灾难性的危害。

数年之后，当科学家对登山队员从珠穆朗玛峰上取回的雪样进行化验时，竟发现了海湾石油大火飘逸去的灰烬；南极考察站的科学家们也在南极的雪水中化验出了海湾战争的污染物。海湾战争造成大气污染范围之广、影响之大，可见一斑。

现代战争造成的大气污染、海洋污染，令人触目惊心，而核战争的巨大破坏力更是不言而喻。广岛、长崎的原子弹爆炸，不仅使十几万平民百姓顷刻之间遭受灭顶之灾，而且核爆炸造成的放射性污染至今还影响着人们。所以自从美国人投下原子弹至今，人们一提到核战争就谈虎色变。

战争不仅危害生命，还使大量的土地遭到破坏。据估计，二战中各种爆炸物掀起的良田表层土壤达几亿立方米，许多良田变得贫瘠，有些地方甚至成了沙漠和砾石戈壁。可以这样说，战争对人类的生存和发展构成了极大的威胁，对生态环境也构成了极大的威胁。如果世界上没有战争，军备竞赛停止，人类社会的发展速度将会更快。如果世界把军备竞赛的经费用于环境保护，人类的生存环境和自然生态环境将会得到巨大的改善。

战争，无论是对社会环境还是对生态环境，都是有百害而无一利。战争不仅是人类的大灾难，也是地球的大灾难。地球只有一个，失去它，我们将无立足之地、生存之处。保护地球就是保护我们的家园，只有拥有和平的环境，人类才能走向繁荣富强，我们也才会有一个安宁的家园。

1. 核战争离我们很近

自 1945 年原子弹第一次用于实战以来，人类社会便与核武器相伴。为了制止战争，在 20 世纪 60 年代，国际社会开始了防止核武器扩散的努力。1968 年 7 月，多国通过了《不扩散核武器条约》。为推动核裁军进程，1996 年联合国大会又通过了《全面禁止核试验条约》。但是，目前人类头上仍然高悬着几万枚当量达 40 亿吨 TNT 的核武器。

反核扩散雷声大雨点小

自人类发明核武器以来，在核威慑的保护伞下，人类战争非但没有减少，反而有所增加了。自 1950 年以来，地球上发生过几十次灭绝人性的大屠杀，超过 100 万人死亡。事实上，随着美苏冷战的结束，人类面临的核威胁变得更加严重。象征人类末日的原子钟时间也被一再调整。1949 年，原子钟的时间被科学家调整到距离午夜 3 分钟，因为当时的苏联发明出了原子弹；美苏冷战结束后，原子钟的时间被调整回距离午夜 17 分钟；然而随着印巴在克什米尔地区爆发争端，原子钟的时间再次被调整到距离午夜 7 分钟。据统计，目前全世界有几万枚核武器，只要其中的千分之一被人滥用，就足以导致人类末日提早来临。

随着国际社会对核武器扩散的限制以及对核裁军的不断努

力，新世纪核武器的数量还将减少，但是至少在 50 年内，核武器不可能从世界上全部消失，并且质量还将提高，实现攻防兼备、三位一体的高度现代化，甚至微型、特殊型、规模型和第四代核武器都将相继问世。核武器的毁灭性和遏制性的双重功能在新世纪里仍将发挥着不可替代的作用。

虽然人们一直致力于避免核危机带来的危险，但是，核战争的可能性还是不能完全排除，因为核

1945 年，美国向广岛投下第一枚原子弹

武器还存在；霸权主义、扩张主义和强权政治还存在；科学技术的进步、核技术的泄漏，使制造核武器不再神秘；美国降低了使用核武器的门槛，俄罗斯增大了对核武器的依赖，极端恐怖组织的核游击战将带来灾难，核控制技术事故具有偶发性等。但是，可以肯定的是，有核国家之间进行核战争的可能性极小，因为核冬天理论告诫发动核战争者，自己难保不被消灭，各国的政治力量也会极力阻止自毁的战争方式。

让人欣喜的是，核扩散在全世界已得到一定程度的遏制，全球有 186 个国家签署了《防止核武器扩散条约》，占世界所有国家总数的大多数。但是，核扩散的势头依然难以彻底阻止。

世界上有50多个国家有能力发展核武器

目前，国际社会防止核扩散的行动，只是在条约约束下实施，由于法规不完善、机制不健全、监管力度不够，有的国家虽然是核不扩散成员国，但为谋求地区霸权主义，仍秘密进行各种核试验。美国作为世界核俱乐部成员国，长期以来都不认真履行禁核义务，它在不断扩充和完善自己的核武库、奉行核威慑战略的同时，姑息、纵容甚至暗中支持可利用的国家发展核武器。据统计，现在世界上有能力、有潜力发展核武器的国家已达50多个，一些国家出于种种考虑，希望长期研制和拥有自己的核武器。如果国际

第一颗氢弹装置"迈克"

原子弹摧毁了一辆机动消防车

社会对当今的核扩散势头遏止不力，极有可能导致更加强劲的核扩散。届时，人类将面临比以往更为严峻的核战争威胁。

私人拥有核武器并非天方夜谭

经过50多年发展，只要掌握一定的技术，制造核武器并不十分困难。核武器已非国家所垄断，民间也可生产。苏联解体后，一些核武器流入国际社会，核材料成为国际走私分子掌握的抢手货，这使本来严峻的禁核形势更加复杂化。核材料、核武器

的扩散，加剧了有关国家图谋进入核门槛的野心。如果核技术和核材料被恐怖分子所掌握，将危及世界的和平与稳定。技术失误和恐怖活动，都有可能引发核战争。

虽然知识化军队、智能化武器、数字化战场和信息化战争代表了未来战争的发展趋势，但核战争并没有远去。只要核武器存在一天，军事斗争领域就不得不考虑核武器的作用和影响。

2. 核武器发展简史

德国是最早从事核武器研究与试验的国家

1938 年 12 月，德国科学家哈恩和斯特拉曼花了 6 年时间，发现了铀裂变现象，并掌握了分裂原子核的基本方法。1940年年初，德国物理学家魏茨泽克、海森堡、布雷格和施罗德制定了代号为"U 工程"的核研究计划，执行这一计划的领导机构是"德国研究委员会"，他们很快便设计并建造出了第一座用于试验的核反应堆。

原子弹在日本长崎爆炸的瞬间

美国完成核武器世界第一爆

1938 年，哈恩成功地把铀原子核打裂成两大块，这一举措震动了全球科学界。1939 年 10 月 11 日，美国总统罗斯福下令成立"铀顾问委员会"。1941 年 7 月，英国政府派出科学家代表团到美国，希望同美国合作研制开发原子弹。10 月 11 日，美国总统罗斯福写信给英国首相丘吉尔，建议两国科学家合作研制原子弹。最终，罗斯福决定成立原子弹研究机构，地址设在纽约，研究计划的代号为"曼哈顿工程"。这一工程投资超过 20 亿美元，投入人力 10 余万。工程由格罗夫斯全面指挥，芝加哥大学教授康普顿负责裂变材料的制备工作，美籍意大利著名科学家费米负责制造原子反应堆，物理学家奥本海默为原子弹总设计师。

1942 年 12 月，在费米领导下，芝加哥大学建成世界上第一座核反应堆。到 1945 年，美国终于研制成 3 枚原子弹，分别命名为"小玩意""小男孩"和"胖子"。1945 年 7 月 16 日清晨 5 时 24 分，美国在新墨西哥州的"三一"试验场内的 30 米高铁塔上，进行了人类有史以来的第一次核试验。试验中由于核爆炸产生了上千万摄氏度的高温和数百亿个大气压，致使这座 30 米高的铁塔被熔化为气体，并在地面上留下一个巨大的弹坑。核爆炸腾起的烟尘若垂天之云，极为恐怖。在半径为 400 米的范围内，沙石被熔化成了黄绿色的玻璃状物质，在半径为 1600 米的范围内，所有的动物全部死亡。这颗原子弹的威力，要比科学家们原先估计的大出了近 20 倍。

苏联成为第二个拥有核武器的国家

20 世纪 30 年代，苏联就已经初步建立了核研究中心。1938 年由库尔查托夫和彼得·卡皮察主持开始了艰苦的研究试验工作。1939 年，苏联成立了"铀研究委员会"。1942 年，苏联获得美国开展"曼哈顿工程"的情报，与此同时，苏联地质专家在乌拉尔地区建立了一个特殊的原子研究中心。1943 年初，库尔查托夫以"第二实验室"为代号，决定用钚代替铀作为原子弹的主要原料。1943 年 9 月，苏联完成了第一个核装置的爆炸准备。9 月

10 日，这颗原子弹被安放于无人烟的湖心岛上，以马林科夫为首的苏联大批官员和科学家亲赴现场观看这有史以来的第一次核爆炸。起爆前，人们被撤到 1 千米外的地下掩体中，只有物理学家别特尔萨克拒绝进入掩体，他不相信这种原子弹会有那么大的威力。原子弹爆炸成功了，地球上升起了第一个蘑菇状烟球。然而，这个核装置由于体积大，容量小，难以达到实战要求。

1945 年底，斯大林亲自将核项目重新命名为"鲍罗金诺"，库尔查托夫仍被任命为首席科学家。在美国参与原子弹研究的物理学家福克斯向苏联提供了有关制造原子弹的各种详细资料。1946 年 12 月 25 日，库尔查托夫领导的核反应堆里获得受控链式反应。

1948 年，苏联最高领导人命令下属必须在 1949 年年底前制造出第一批供试验用的原子弹。1949 年春，苏联人获得了足以制造原子弹的钚。他们把即将造成的第一枚钚充料原子弹命名为"铁克瓦"（意即南瓜）。试验选在中亚地区的"米什克瓦"试验场进行，试验代号"珀瓦亚－穆尔尼亚"，即"首次闪电"的意思。1949 年 8 月 29 日凌晨 4 时，"铁克瓦"在大气层中试爆成功。自此，苏联打破了美国的核垄断，成为世界上第二个拥有可用于实战的原子弹的国家。

英国在澳大利亚沿海"爆"成老三

1942 年夏，丘吉尔和罗斯福在伦敦海德公园会晤，决定以美国为原子弹研试地点，但美国拒绝向英国提供有关情报。

二战后，英国人迅速在伯克郡建立了自己的核科研基地。

1946 年 8 月，美国总统杜鲁门签署《麦克马洪法案》，决定由美国垄断原子弹生产，从而彻底堵塞了美英原子情报交流渠道。

1949 年 2 月，布鲁诺·蓬泰科尔从加拿大回到英国接任核科研基地主管科学的主任职务，使英国的核科研工作具备了雄厚的科技力量。

1952 年 10 月 3 日，英国第一颗原子弹在澳大利亚蒙特贝洛沿海的船上试爆成功，英国成为世界上第三个拥有核武器的国家。

法国成为世界上第四个拥有核武器的国家

1945 年 10 月 18 日，戴高乐将军决定进行原子弹的研究，他成立了原子能委员会，由著名物理学家、居里夫人的女婿弗雷德里克·约里奥·居里担任主要负责人。

1948 年，法国在本土上找到了铀矿，第一座反应堆建立起来，并于 1949 年分离出钚。

1956 年，席勒内阁制定了核能试验五年计划。

1958 年，戴高乐重新上台执政后，加快了研制核武器的步伐。

1960 年 2 月 13 日，法国在非洲西部撒哈拉沙漠的一座 100 米的高塔上成功爆炸了第一颗原子弹。这颗原子弹具有 6 万吨 TNT 当量的核裂变能量。法国成为世界上第四个拥有核武器的国家。

中国拥有了核武器

1955 年，中国地质部门开始了对铀矿的勘探，并找到了丰富的铀矿。

1956 年，成立了第三机械工业部（后改名第二机械工业部），领导全国核工业。

1958 年秋天，物理学家邓稼先担任了核武器研究设计院的理论部主任。他在北京大专院校选择了多名骨干，组成了中国核武器研究的基本科技力量。

1959 年，中国科学家们对第一颗原子弹的理论计算获得了成功，以祝麟芳任厂长、姜圣阶任总工程师的核工业企业的建设也初获成效。在苏联撤走专家之后，中国重新调整计划，开始了代号为"596"的工程。

1964 年 10 月，中国完成了第一颗原子弹的组装。

1964 年 10 月 16 日 15 时，在人迹罕见的罗布泊，巨大的蘑菇状烟云腾空而起，中国第一颗原子弹爆炸成功。

1967 年 6 月 17 日，中国又在罗布泊核试验基地上空成功爆炸了一颗氢弹，这标志着中国已经成为世界上能够制造和拥有各种核武器的国家之一。

以色列造出了原子弹

1958 年，以色列的科学家参加了法国的核研究活动，取得了独立研制原子弹的必要知识和经验。

1964 年，法国帮助以色列建造了一个小型反应堆。以色列秘密组建了迪摩那核研究中心，但它没有自己的铀矿。

1968 年底，以色列特工部门摩萨德采取"高铅酸盐行动"，为以色列获得了 200 吨的铀。当时，比利时布鲁塞尔的矿产总公司在原比属刚果有一家子公司，总公司从那里接受了一批铀，储藏在安特卫普东部的一个村子里。摩萨德让一个叫舒尔岑的德国商人，向布鲁塞尔矿产总公司购买了 200 吨铀。他们躲过了欧洲原子能委员会的监督，把 200 吨铀装上了一只临时购买的货船。这 200 吨铀分别装在 560 个特别的桶里，每只桶都写上"高铅酸盐"的字样。1968 年 11 月 24 日，该船在航行途中突然改变了航向，于 29 日夜间驶到离塞浦路斯不远的公海上，摩萨德早已安排了一艘油船前来接应。摩萨德将 200 吨铀搬进了油船，货船被弃在海上。等到欧洲原子能委员会发现 200 吨铀失踪时，已经是半年以后的事了。以色列靠这些铀原料制造出了 13 颗原子弹。

3. 古代曾有核战争吗

古代印度是人类文明的发源地之一。1920 年，人们在现巴基斯坦境内印度河流域发现了古代印度大都市摩汉乔－达罗的遗

摩汉乔－达罗遗迹

迹。据推测，这座城市建于约公元前 2600 年，有许多令人惊异的奥秘。摩汉乔－达罗遗迹的中心部分约 5 千米，分为西侧的城塞和东侧的广大市街地。令人吃惊的是，城市中竟可以住 3 万多人。这里家家户户

都有小门朝向中央，有些房子则是面向中庭。房屋的材料为砖块，被民众普遍使用，着实是令人难以置信的事，因为在其他古代文明中，砖块是只用于王宫及神殿的奢侈品。遗迹中的每一户人家都备有几近完善的下水道设施。二楼冲洗式厕所的水，亦可经墙壁内的土管排至下水道，甚至有的人家还设置了给高楼投掷垃圾的垃圾桶。每户人家流出的污水，都先贮于污水桶里，再从小路的排水沟排至大街的下水道。砖制的下水道上还设有石盖，并用土予以掩埋。除此之外，各处还设有定期清扫用的升降工作口。摩汉乔－达罗遗迹是由共 7 层的都市组合而成的，但最上层和最下层的建造方式全然相同。因此，研究人员认为此文明是以完整的形态，突然出现在印度平原上的。

在摩汉乔－达罗遗迹里，最令考古学家百思不解的，是遗迹上层部发掘出的人骨群。从古代遗迹中发掘出人骨是极为正常的，可是，在摩汉乔－达罗遗迹中发现的人骨却是以异样的状态死亡的。也就是说，那些人骨并非埋葬在墓中，而是"猝死"在房间里。在房间Ⅴ的第74室中挖掘者发现的14具遗骨，全处于十分异样的状态，其中儿童的遗体更令人惨不忍睹，他们有的脸朝下，有的横躺，重叠在其他的遗体上；也有的用双手盖住脸呈现保护自己的绝望样子。除此之外，还有痛苦地扭曲着身躯的遗体。当时并没有可于一夜间突然夺去住民全部性命的流行病发生，遗体上也没有发现遭受袭击的迹象。如果他们是集体自杀的话，为什么会在井边发现正在洗涤物品的遗体呢？

近几年，印度的考古学家卡哈博士做了十分引人注目的报告："我在9具白骨中，发现有几具白骨有高温加热的证据，我很难相信这些白骨上高温加热的痕迹，是被人突然袭击且被杀所留下来的。"不用说，这当然也不是火葬，那么，这高温加热的痕迹究竟是什么？按常理来判断，唯一的可能就是火山爆发，但印度河流域并无火山存在。那么，是什么力量能用异常的高温使摩汉乔－达罗的住民猝死呢？

有的远古史研究者由此提出，在遥远的古代，人类也经历过核战争。因为流传于世界各地的神话与传说中都描述过古代惊人的战争场面，而且，在考古中人们也看到了种种痕迹。如在以色列、伊拉克的沙漠及撒哈拉沙漠、戈壁沙漠中有人发现因高温而玻璃化的地层；在土耳其卡巴德奇亚遗迹及阿尔及利亚塔亚里遗迹中，有人发现因高热破坏而形成的奇石群；在西亚的欧库罗矿山中，有人发现铀矿石上有发生颇具规模的核子分裂连锁反应的痕迹。

他们认为，包括印度平原的印亚大陆，是神话传说中最常发生古代核战争的地方，如传诵公元前 3000 年之史迹的大型叙事诗《玛哈巴拉德》就是其中之一。该诗描绘了英雄亚斯瓦达曼向敌人发射"连神都难以抵抗的亚格尼亚武器"："箭雨发射于空中。整捆的箭像耀眼的流星一样，化成光包围了敌人。突然，黑夜笼罩住巴达瓦的大军，因此，敌人就丧失了方向感……太阳异动，天空烧成焦黑，散发出异常的热气。象群被此武器的能量焚烧，慌忙地从火焰中四处逃匿。水蒸发，住在水中的生物也烧焦了……从所有角落燃烧而来的箭雨，与凛冽的风一同落下。敌人的战士们，就像遭到比雷还猛烈的武器。而烈火所烧毁的树木也一一倒地。被这种武器焚烧的巨象群倒在附近，并发出惨痛的哀号声。被烧伤的其他象群，则像发疯般地四处奔逃，寻找水源。"这一惨烈的场面，真可与 1945 年 8 月的广岛、长崎核爆炸相提并论。

那么，摩汉乔－达罗和"古代核战争"又有何关系呢？

印度的另外一篇叙事诗《拉玛亚那》里，也叙述了一段凄绝惨烈的古代核战争情景，就像核爆炸一样，"那绽放出令人畏惧的亮光巨枪一发射，连 30 万的大军也在一瞬间完全消灭殆尽"。值得注意的是，该战争发生在一个被称作"兰卡"的都市。都市构造十分森严，"四面有 4 个巨门，门用铁链锁着，门内随时备有巨大岩石、箭、机械、铁制的夏格尼武器以及其他的武器，城堡用难以攀登的黄金城壁加以环绕，背后的巨沟中装满了冰水"。若进而将此地理上的描写与地图比照，可发现这座城堡都市"兰卡"似乎就位于印度河流域的某个地方。而摩汉乔－达罗遗迹正位于印度河边，当地人现在仍称它为"兰卡"。

印度新德里年代学研究所所长罗伊曾十分肯定地说："这两大叙事诗，虽是用诗的语法写成的，但记叙的大部分是实际存在的事。诗中有许多关于星球及星座的记述，可推测它应是记载发生事件的日期，我们也可用推测日期的方法来推测地点，《拉玛亚那》中的兰卡，就是摩汉乔－达罗。"根据罗伊的说法，战争发生在公元前 2030 年至前 1930 年间，经与 C_{14} 的分析结果相对照，证明摩汉乔－达罗的住民确实是在这一时期前后从这座古代都市中消失的。

1978 年，英国考古学家大卫·勃特和威恩·山迪，前往摩汉乔－达罗实地考察，进一步寻找"古代核战争"的痕迹。他们从本地人那儿得知，在距遗迹中心不远的地方，有一个本地人称为"玻璃化的市镇"的禁止入内的神秘场所。那里到处都铺着绿色光泽的黑石，人们可很明显看出那是"托立尼提物质"。因为世界第一颗原子弹"小玩意（托立尼提）"在美国新墨西哥州的沙漠中试爆时，沙漠中的沙因核子爆炸的高热而熔化，凝固成玻璃状物质，因此人们将它称为"托立尼提物质"。摩汉乔－达罗中到处散堆着托立尼提物质。在因高热而熔化又凝固的矿山中，也有扭曲成玻璃状的壶之碎片，因异常的热气而黏着砖块的碎片、染成黑色陶土制的手镯碎片等混杂在其中。

由于这座"玻璃化的市镇"是本地人的神圣之地，故难以进行深入的挖掘调查，也不为外界所晓。大卫·勃特二人并未到此止步，他们费尽千辛万苦从"玻璃化的市镇"里带回了几个标本，送到罗马科学大学火山学研究室进行分析，结果是：第一件标本壶的碎片，是从外侧向内侧再加热，并又急速冷却的。第二个标本"黑石"则是由石英、长石及玻璃质所形成的矿物。可是，从形成空洞孔的外观来看，可知此物应是经极高温在极短的时间形成的。如果在窑中或普通的火中，是不会产生那种"在极短的时间内产生数千度高热，然后又急速冷却"的效果的。大卫·勃特在调查摩汉乔－达罗时，也发现了许多足以证明这座城市曾发生强烈爆炸的证据，如一瞬间崩溃的砖造建筑物的痕迹、因高热而烧毁的砖块、大量的灰烬等。

因此，大卫·勃特肯定摩汉乔－达罗是古代核战争的战场，在它的上空曾经发生过比广岛原子弹还要大的数千吨的核爆炸。他说："我们之所以主张这是核子爆炸的结果，是因为在我们现在的科学技术的阶段中，所唯一知道能让其在瞬间发生热波和冲击波的爆炸物只有核武器。"

不过，上述推论至今仍然无法获得进一步的证实，摩汉乔－达罗仍然有许多难解之谜。建造摩汉乔－达罗的是什么人？他们从何处来，又往何处去？发动古代核战争的是哪两个敌对势力？为何非发动核战争不可呢？古代人又是如何拥有核武器技术的呢？这里形成的高度文明，就这样无声无息地消逝了吗？

恐怖的核冬天

什么是核冬天？它是怎样引起的？对人类的生存又有何威胁？

1. 核冬天理论

发现核大战可能带来灭绝人类的"核冬天"效应，是近年来科学研究所取得的一项引人瞩目的成果。

不论天晴、天阴还是滂沱大雨，我们每天都和阳光打交道，自然而然地接受或强或弱的阳光照射，所以从来没感到过阳光的宝贵。其实，人类需要太阳就与需要空气一样。太阳是我们的生命维生素，没有太阳，我们的身体和心灵就会患病，我们的地球将漆黑一片,死气沉沉。

有史以来,长期暗无天日的事情在地球上没有发生过,但不要以为这种情况永远不会发生。据研究,如果真的发生核大战,核恶魔就可能一手遮天,在几个月内剥夺人们重见天日的权力,从而产生影响全球生态系统的核冬天效应。

1982 年和 1983 年,联邦德国和美国的一些科学家就开始发表极有分量的论文和研究报告,有根有据地阐述惊世骇俗的核冬天理论。

核冬天理论的基本观点是:一场 50 亿吨当量的核爆炸所掀起的尘埃和引起的大火,必产生大约 22500 万吨的烟云。这些核烟云升空,将会把地球或北半球笼罩起来,遮挡住阳光对地面的照射。

由于烟云遮盖,天昏地暗,地球上几乎没有白天,因而温度急剧下降。江河湖泊冰封,植物因停止光合作用而枯萎,恶劣的气候和放射性沾染使农作物颗粒无收或无法食用。核战争中即使有幸存者,也将饥寒交迫。面对一个死寂的、流行病蔓延的、没有白天和温暖的世界,幸存者很难生存下去。

一些科学家断言,如果发生大规模热核战争,很可能把北半球的现代文明彻底摧毁,甚至可能把人类拖入灭绝的可怕深渊。他们认为,大规模热核战争,对于整个地球上的生命,都将是一场灭顶之灾。

核冬天理论的提出者认为,核冬天至少会带来以下几方面的影响:

(1)尘埃,尤其是烟尘,其中包含核爆炸时产生的烟云。这些物质假如在空中达到足够的浓度和密度,而且持续一定的时间,那么,整个地球就将处于严寒和黑暗之中。

(2)核冬天是一场可能发生大规模物种灭绝的灾变。尤其是如果发生在春季或夏季，由于日照的锐减和严寒的侵袭，不仅河流和山涧都将封冻，大部分庄稼和其他植物，包括树木都会遭到毁灭，许多动物也将死于饥饿和寒冷。日照水平和气温也许在 3 个月之后才能恢复到正常，然而"核冬天"所造成的大毁灭已无法挽回。

（3）人类很难经得起核大战的摧残。有人指出，即使北半球有相当多的人在核战争的直接杀伤下得以死里逃生，也很难想象他们怎样应付随之而来的寒冷、饥饿、电力缺乏、供水不足、污水系统堵塞中断、交通运输困难、流行病、医疗救援匮乏、几乎无处不在的核污染、战后产生的巨大心理压抑等一大堆问题。

另外，一场大规模的核战争将造成尸横遍野的恐怖景象，战后数十亿人和动物的尸体得不到埋葬，那些耐寒的以死尸、腐物为食的动物很可能恶性膨胀、大量繁殖。那时候，人们面临的世界，很可能是一个以老鼠、蟑螂、苍蝇为主的幸存生物的世界。

当然，"核冬天"理论所描述的细节未必完全可信。这个理论所包含的某些推测，也不是没有值得商榷的地方。不过，这一理论的主要点却是可信的，即大规模的核爆炸，无疑将对全球气候和生态环境产生极其重大的影响。

早在 1953 年，世界武器库中储备的核武器就已经超过了足以引起严酷"核冬天"的限度。随后，两个超级大国拥有的核武器更是与日俱增。有识之士对此无不忧心忡忡，他们反复提醒人们警惕核大战的发生。

1983 年 10 月，一些杰出的生物学家在华盛顿集会，他们在讨论大规模核战争所带来的危险后果时得出的一致意见是：我们不能排除这样一种可能性，即这些分散的幸存者根本不可能再繁殖人口。他们可能生存几十年或一个世纪，然后消失。换句话说，我们无法排除大规模的核战争会毁灭人类这一可能性。

当然，核战争、核冬天都不是不可避免的。核冬天并不是人类的必然归宿，对原子裂变的控制，与一旦发生就将主宰人类命运的核冬天并没有必然联系。然而核大战、核冬天的危险不能绝对排除。

2. 核冬天是一场灭绝之灾

核冬天的影响是多方面的。要搞清楚核冬天对人类的全部影响，我们首先必须了解所有的生命都生活在彼此息息相关、相互依存的统一体中。科学家们创造了"生物圈"这个词来描绘地球、大气和海洋，而生命就在其中形成。生物学家发现，要想了解某一个别生物，就需要研究它所生活的整个植物、动物、微生物群落和所处环境的物理性质——阳光、辐射、组成空气的各种气体、土壤、海洋和河流水中的化学成分。这种研究被称为生态学。

近年来，生态学对人类活动的影响已经变得更加敏感，原因并不仅仅在于我们关心地球和它的生命。我们要生存下去就需要依靠无数的生态系统，我们靠植物和动物为我们提供食物，因而不得不控制它们的数量和防止病虫害。目前世界上的人们要像史前时代的人类那样依靠打猎采集为生，是完全不可能的。因为我们靠农业，靠控制生态系统为生。核冬天对人类社会最明显和最严重的影响可能是所有庄稼一年的收成几乎全部被毁，而且要重新恢复大规模农业生产是十分困难的。

当然，这些农作物不会在核冬天灭绝，但昆虫、鸟类和兽类的灭绝，将导致新害虫的繁衍。植物覆盖层被破坏，光秃暴露的土壤便会受到侵蚀，生物学家估计恢复农业生产将需要 10 年的时间。很明显，幸存者的食品分配和供给会成为十分棘手的问题。对于那些粮食生产上远不能自给自足，完全依靠进口粮食的国家来说，失去一年的收成会是一场巨大的灾难。

同样，核冬天也使从海洋中获取的食品量急剧下降。在最为严酷的情形下，大地一片漆黑，以致海洋中的光合作用连续数月中断，众多的鱼种也许会灭绝。因此，人类在失去大部分陆地收成后，向海洋寻求帮助，也无法得到保证。

如果我们把注意力仅仅集中在对人类的直接影响上，那么，即使黑暗和寒冷遍及整个地球，似乎也不会导致南半球所有人的立即死亡。在远离原子弹爆炸现场、相对来说没有放射尘埃的岛屿上，以及由于海洋的调节、气温下降不很明显的地区，都可能有幸存者。所以，在南半球各处，甚至在北半球的某些地区，很可能有一些分散的幸存者。可是，这些分散的小股人群能够生存下去吗？他们可能被迫回到以打猎和采集为生的生活方式中去，但他们缺乏我们祖先在数千年里积累下来的有关周围环境的知识。他们还将面临一个崭新而又有害的环境，具有较高辐射、受到严重破坏的自然气候条件是前所未有的。社会、经济、文化系统等都被破坏殆尽，人类将面临巨大的精神压力。

对陆地和淡水生物的影响

在核冬天，动物面临着各种各样潜在的致命威胁，很多动物受到的辐射足以让它们死亡。那些在战争直接杀伤下的幸存者所面临的问题是，多数淡水均冻到几尺深。由于辐射照到大地的日光少，植物停止生长，很多草食动物遭受饥荒。草食动物的骤然减少，又给肉食动物带来灾难。这样，动物显然会普遍灭绝，特别是那些仅在北半球生长的动物。农民要让牲畜活下来十分困难，除非他们有充分准备，有自给自足的燃料和饲料，以应付突如其来的核冬天。

许多淡水生物由于失去阳光，被厚厚的冰层覆盖，鱼类和一些淡水生物物种会广泛灭绝。在热带，动物、鸟类和鱼类特别不具备应付严寒的能力。

对海洋生物的影响

海洋植物和动物受到海洋巨大热惯性的保护，可以免受严寒的袭击，生存的机会最大。然而，实际情况并不那么乐观，因为海洋中真正的温水区大部分局限于海洋上层的几千英尺（1英尺≈0.3米），所占面积不到海洋总量的10%。在严酷的核冬天中，一年中的最好时候，太阳光极其昏暗，温水的温度也可能下降。

由浮游植物（海藻）、浮游动物（靠海藻为生的微小动物），以及鱼类（靠浮游动物为生）所组成的食物链，特别容易受到破坏。经过几天的黑暗之后，浮游植物即告死亡或进入休眠状态。在温带，暮春或夏天大约只有两个月，冬天有三至六个月，鱼类和其他水生动物的数量开始急剧下降。在热带，由于动物营养储备较少，而热带动物能量的需求量又很大，因此，持续黑暗造成的影响会更严重。在两极地区，动物已适应漫长昏暗的冬天，所以影响的严重程度要小得多。

对于那些想在沿海海域捕鱼的幸存者来说，海上可能出现狂风暴雨，给他们增添更大的困难。为现代社会提供鱼类的大型捕鱼船，很有可能还在国内港口就遭到风暴的袭击，并由此而毁坏，或是难以获得燃料。从陆地冲刷出来的有害废物和淤泥，也会给沿海海洋生物带来灾难。

这种种影响都在说明一个事实：核战争、核冬天对人类生存威胁是致命的，人类不应该走上自我灭绝的道路。追求理性、向往和平才是人们的共同愿望，一切霸权主义、恐怖主义最终将退出人类历史的舞台，并为后人所唾弃。

"翌日计划"——等待核尘埃的落定

美国电影《翌日》描绘的核战争的恐怖后果震撼了整整一代美国人。当然，随着冷战的结束，这种几百枚核导弹雨点般落向美国的末日图景已经不大可能出现。但假如真有一朵或数朵蘑菇云在美国本土升起，山姆大叔将如何应对？

当几颗核弹落在你的头上，翌日你将怎么应对？

1. "美国广岛" 杀手

2007 年，华盛顿举行了一次高规格会议，会议由哈佛大学、斯坦福大学两所名校合办的"预防性防务项目"小组主办，其主题是：在核爆预防性措施失效的次日，美国会采取什么行动？需要作哪些准备？

小组的负责人都不只是普通学者：斯坦福大学教授威廉·佩里——克林顿政府的国防部长；哈佛大学教授阿什顿·卡特——克林顿政府的国防部助理部长；斯坦福大学教授迈克尔·梅——原劳伦斯·利弗莫尔国家实验室（美国最主要的核武器研究机构之一）主任。

这三位牵头者在同年秋季出版的《华盛顿季刊》撰文概括了会议研讨的成果，标题是《翌日：一个美国城市发生核爆炸之后的行动》。

文章一开头就写道："自 1949 年美国失去它对核武器的垄断地位之后，美国国土遭受核攻击的可能性，就一直被视为对美国国家安全的所有可以想象的威胁中最严重的一种。如今，像基地组织这样的非国家恐怖主义角色已经发誓，要实施一个在规模上比'九一一'大得多的'美国广岛'行动。"

《翌日报告》中设想：未经过预先警告，一枚 1 万吨当量的铀裂变核武器（即最早的原子弹）在一个美国主要城市爆炸了。爆炸约发生在地面高度（例如在一幢高层建筑中），特点是形成的冲击波和大火比空中爆炸（飞机投弹或导弹自爆）要小，但产生的放射尘埃远比空爆核弹多。但无论炸弹的威力是大是小，区别毕竟只数量而非性质。

在爆炸的翌日，反应者的紧急反应措施包括：人员疏散与防护，辐射作用对策，对后续威胁的回应，对袭击者的判断与报复，以及漫长的清理过程，其中最棘手的是放射微尘和残留辐射的消除。

一枚 1 万吨当量的原子弹在地面高度爆炸有会什么后果？半径约 1.6 千米的中心城区将被夷为平地，这一区域外缘受横飞的碎片、大火和强烈核辐射伤害的人很难幸存，救援人员无法进入施救，而且这种灼伤和辐射伤害需要很专业的救治。

另外，一个放射性悬浮颗粒云团将向爆炸地点的下风区飘去，在一天之内，8 千米到 16 千米范围内的人如果得不到防护或不能及时逃走的话，都将受到致命剂量的辐射。

受强烈辐射 400 伦琴（伦琴，辐射单位，缩写为 REM；1 伦琴相当于 1 居里的放射线在 1 小时内所放出的射线量）以上的人会发病并死去，受中等强度辐射的人会发病，但可能康复；受轻度辐射的人可能不会有明显感觉，但将来患癌症的可能性会大很多。

对核爆区内及周围的人群来说，一切都已经太晚。紧急反应者（包括警察、消防和医疗人员）只能集中精力，减少下风区人口遭受的辐射，同时避免人群的骚乱。即使在袭击发生数月或数年之后，下风区居民仍将面临要么冒受辐射的危险、要么放弃自己家的两难选择。而市中心区至少在一年内是无法进行重建的。

保护我们免受辐射和放射微尘伤害的因素有三个：

第一，距离：与放射尘埃的距离越大越好。地下室的防护作用比一层楼好，高层建筑中的近中央楼层也可能会好些。应避开容易积累放射尘的平缓屋顶。

第二，防护：与放射尘埃之间的隔离物越厚、越重越理想，例如厚墙、混凝土、砖墙、书籍和土层。

第三，时间：放射微尘的辐射强度会迅速衰减。前两周对人威胁最大，两周后会减弱到只剩原先强度的1%左右。经过一段时间，人就可以离开防护所了。

2. 处变不惊，"末日旅馆"上天入海

核战爆发，被营救的高层官员走进大型防空掩体厚1.8米的大铁门，并出示特别身份证；地下气象站每天测量和公布风向、风速，绘制潜在的核辐射图；电视台时刻准备通过应急广播系统向全国播放总统预先录制好的讲话；一间指挥室安装着核报警系统，对全国各地的压力、热度和强光进行监测；保安部队组成的人体"探测仪"穿上厚厚的防辐射橡皮服，冒险前往测试空气中的核辐射强度……

这不是某部好莱坞大片，而是某次秘密模拟演习的一部分。

《翌日报告》提出，一旦发生核爆炸，联邦政府应承担作出反应的主要责任。

当然，联邦政府的人力和物力可能无法在第一天就赶到现场，因此地方政府应根据当地的具体情况，在联邦政府的领导下

展开行动，平时应进行相关的培训和演练。

应急预案应规定发生核恐怖袭击时的指挥架构，反应者的协同，与媒体和公众通信联络，等等。信息的流畅，对防止公众恐慌起着至关重要的作用。预案还应规定放射性废弃物的临时存放地点，如爆炸区域外的医院等救援机构将接触到一些受到污染、在经过处理前无法再使用的衣服等物品，都必须集中存放。

在人员撤离问题上，受攻击后，人们必须选择出逃或躲避。对多数人来说，前三天应以躲藏到地下防护所为宜，等辐射强度下降后再出来撤离。但对处于下风区的人们来说，躲避的实际防护作用不大，因此他们应赶在多数放射微粒 "尘埃落定" 前尽快撤出。

爆炸发生后，如果大量人口涌上公路，将使应急反应人员无法进入，急需撤出的伤员无法出城；乱哄哄的大逃亡还可能使人群受到不必要的高剂量辐射。为避免这种局面，联邦和地方政府应提前制定计划，决定前三天哪些公路应对公众关闭，哪些应保持开放，以及开放多长时间。

有关部门还应确定放射云团的去向，使市民知道自己应当躲避还是撤离。这可以通过能源部下属各国家实验室建立的模型，结合国家气象局公布的每日气象报告作出预测。信息应随时传达给公众、媒体和第一反应者。

届时边境、港口和机场将全部关闭，对恐怖分子和更多核武器的搜索将会全面展开。

在电影《翌日》中，由约翰·利思高扮演的乔·赫胥黎曾如此感慨："你知道爱因斯坦是怎么说第三次世界大战的吗？他说他不知道人们会如何打第三次世界大战，但他知道第四次世界大战的打法——用木棍和石头。"

尽管冷战已经成为过去，恐怖分子的核武器攻击不能将全人

211

类炸回石器时代，但对于不幸被他们选中的城市的居民来说，同样是个人和家庭的末日。当蘑菇云升起时，明智的应急对策和平时的准备、训练将可以使很多第一波被打击的幸存者免于毁灭。

20世纪80年代，根据《国家安全重组法案》，美国政府建立了一套由主要指挥中心和次要指挥中心组成的相对分散的指挥系统，以及若干地下"预备指挥中心"。

"预备指挥中心"被民间称为"末日旅馆"，内部都有充足的粮食、淡水储备、发电设施、通信系统、医院、宿舍、食堂等。

已被公众获悉的大型地下掩体包括：马里兰州戴维营附近的"二号地点"；耗资超过10亿美元、距首都华盛顿120千米的弗吉尼亚州的贝里维尔"气候山"；距华盛顿400千米的罗安诺卡、位于五星级豪华乡间别墅格林布里旅馆地下的美国国会核避难所；艾森豪威尔执政期间就开始兴建、位于宾夕法尼亚州的葛底斯堡附近的"地下五角大楼"；等等。

著名的"地下五角大楼"建在坚硬的花岗岩下，拥有庞大的指挥、通信系统和生活设施，其不远处约2万平方米的芒特韦瑟山洞则用来容纳政府和军方要员。可以容纳几千人的芒特韦瑟藏在坚固无比的绿岩山脉中，是躲避核袭击的主要避难地。设施内储备了大量武器，库存物品十分齐全，甚至有避孕药片；救护车往来于地下医院，此处甚至还设了一个火葬场；总统、内阁部长和最高法院法官有私人住房，艾森豪威尔的桌上放着合家照，身体状况不佳的肯尼迪还在房间专门设立了治疗床。

美国军方在水下和空中也计划了可能的核反击行动。

在水中，美国海军1/3的核动力弹道导弹潜艇保证两组满额艇员24小时轮流执勤，高隐蔽性、快速反应的潜射核武器能在接到指令后10分钟内发射。虽然老布什在1991年就解除了美国核弹头的战备状态，但几百枚潜射洲际弹道导弹仍然时刻处于几分钟内就能发射的高度战备状态。

在空中，E-4B 核战指挥机日日巡航，8 小时轮换。尽管冷战结束后 E-4B 指挥机已开始执行新任务，但一旦五角大楼和地下指挥中心被摧毁，该机即可迅速担当指挥的中心任务。E-4B 具有覆盖几乎所有无线电频谱的通信能力，能够迅速对全球美军实施通信指挥。

根据规定：核袭击后银行仍应正常营业；财政部将监管核袭击之后工资和房租的稳定；联邦储备委员会在弗吉尼亚州的库尔佩珀建立了一个面积 1.3 万平方米的防辐射备用场所，直到 20 世纪 80 年代其大型地下室里还保存着大量现金，以便在核战争后能立即用来重振美国经济。

少数国家从来就没有放弃生化战的准备，只不过手法更加隐蔽罢了。由于生化武器比其他大规模杀伤性武器更容易制造和走私，因此，它对整个人类的威胁不仅没有消除，反而在冷战后增大了。

第八章

生化武器的危害并不遥远

人类几乎是在病毒的督促下成长起来的。

"一圈圈玫瑰花开，花束装满口袋。阿嚏，阿嚏，我们全都死去……"这支童谣在欧洲历久传唱，歌中的死亡阴影来自中世纪的那一场黑死病。

已打到欧陆边缘，意欲征服克里米亚半岛的蒙古大军，久攻法卡城不下，反自损于从东方草原带来的瘟疫。蒙古王子一怒之下，用抛石机抛送死于鼠疫的腐尸入城。才几日，法卡城便成了一座人间地狱。人们经历寒战、头痛、发热、谵妄、昏迷、皮肤出血、身长恶疮、呼吸衰竭、周身黑紫后死亡。

病毒渐渐流传到整个欧洲大陆、英伦三岛和北非，短短两年便将欧洲近三分之一的人口送进地狱，两千多万生命消失了。英国诗人拜伦对此有精辟概括："这不是人类的历史，这是恶魔的圣经。"

我们的世界中存在很多知名的细菌、真菌和病毒，生化战争就是利用它们摧毁敌人。

生化武器的使用可追溯到远古时代。早在公元前16世纪，小亚细亚的赫梯人发现了传染病的威力，便将瘟疫病人派往敌国。军队同样深知传染病的厉害，他们将染病的死尸投向围困的堡垒，并向敌人的井里下毒。一些史学家甚至争论说：《圣经》中摩西降在埃及人头上的十大灾祸与其说是神的报复，不如说是大规模的生化武器！

生化武器面面观

下面简单介绍一些生化武器的入门知识。

1. 生物武器和生物战剂

生物武器，旧称细菌武器，是以所装填的生物战剂杀伤有生力量和毁坏植物的各种武器、器材的总称。它的杀伤破坏作用靠的是生物战剂，施放装置包括炮弹、航空炸弹、火箭弹、导弹弹头和航空布洒器、喷雾器等。

生物战剂是军事行动中用以杀死人、牲畜和破坏农作物的致命微生物、毒素和其他生物活性物质的统称，旧称细菌战剂。生物战剂是构成生物武器杀伤威力的决定因素，致病微生物一旦进入机体（人、牲畜等）便能大量繁殖，破坏机体功能，使机体发病甚至死亡。它还能大面积毁坏植物和农作物等。

生物战剂的种类很多，据国外文献报道，可以作为生物战剂的致命微生物约有160种之多，但具有引起疾病能力和传染能力的为数不算很多。

根据生物战剂对人的危害程度，可分为：

（1）致死性战剂：病死率在10%以上，甚至能达到50%～90%，具体有炭疽杆菌、霍乱弧菌、野兔热杆菌、伤寒杆菌、天花病毒、黄热病毒、东方马脑炎病毒、西方马脑炎病毒、斑疹伤寒立克次体、肉毒杆菌毒素等。

（2）失能性战剂：病死率在10%以下，有布氏杆菌、Q热立克次体、委内瑞拉马脑炎病毒等。

根据生物战剂的形态和病理可分为：

（1）细菌类生物战剂：主要有炭疽杆菌、鼠疫杆菌、霍乱弧菌、野兔热杆菌、布氏杆菌等。

（2）病毒类生物战剂：主要有黄热病毒、委内瑞拉马脑炎病毒、天花病毒等。

（3）立克次体类生物战剂：主要有流行性斑疹伤寒立克次体、Q热立克次体等。

（4）衣原体类生物战剂：主要有鸟疫衣原体。

（5）毒素类生物战剂：主要有肉毒杆菌毒素、葡萄球菌肠毒素等。

（6）真菌类生物战剂：主要有粗球孢子菌、荚膜组织胞质菌等。

根据生物战剂传染性可分为：

（1）传染性生物战剂：如天花病毒、流感病毒、鼠疫杆菌和霍乱弧菌等。

（2）非传染性生物战剂：如土拉杆菌、肉毒杆菌毒素等。

生物武器的特点主要有：

（1）致命性、传染性强。一旦发生病例，易在人群中迅速传染流行，造成人员伤亡，甚至造成社会恐慌。

（2）生物专一性。生物武器可以使人、牲畜感染得病，并危及生命，但是不破坏无生命物体，例如武器装备、建筑物等。

（3）面积效应人。现代生物武器可将生物战剂分散成气溶胶状以达到杀伤目的，这种气溶胶技术在适当气象条件下可造成大面积污染。

（4）危害时间长。在适当条件下，有的致命微生物可以存活相当长的时间，如 Q 热病原体在毛布、棉布、土壤中可存活数月，球孢子菌的孢子在土壤中可以存活 4 年，炭疽杆菌芽孢在阴暗潮湿土壤中甚至可存活 10 年。

（5）难以发现。生物战剂气溶胶无色、无味，不容易发现，若在夜间或多雾时偷偷使用就更难发现。

生物战剂气溶胶主要经呼吸道侵入人体，因此，保护好呼吸道非常重要。防护的主要方法有如下几种：

（1）戴防毒面具。防毒面具的式样很多，但大多由滤毒罐和面罩两部分组成。滤毒罐包括装填层和滤烟层。装填层内装防毒炭，用于吸附毒剂蒸气，但对气溶胶作用很小；滤烟层是用棉纤维、石棉纤维或超细玻璃纤维等做的滤烟纸制成的。为了增加过滤效果，滤烟纸通常折叠成数十折。它的作用是过滤放射性尘埃、生物战剂和化学毒剂气溶胶，滤效达 99.99％以上。

（2）使用防护口罩。例如使用那种用过氯乙烯超细纤维制成的防护口罩，这种口罩对气溶胶的滤效在 99.9％以上。在紧急情况下，如果没有防毒面具或特殊型的防护口罩，我们可采用容易得到的材料制造简便的呼吸道防护用具，例如脱脂棉口罩、毛巾口罩、三角巾口罩、棉纱口罩及防尘口罩等。此外，我们还需要保护好皮肤，以防有害微生物通过皮肤侵入身体。通常还能采用的办法有，穿隔绝式防毒衣或防疫衣以及戴防护眼镜等。

为了更有效地防止生物武器的危害，在可能发生生物战的时候，我们可以有针对性地打预防针。

对于清除生物战剂来说，可以采用的办法有：

（1）烈火烧煮。烈火烧煮是消灭生物战剂最彻底的办法之一。

（2）药液浸喷。药液浸喷是对付生物战剂的主要办法之一。喷洒药液可利用农用喷药机械或飞机等。用作杀灭微生物的浸喷药物主要有漂白粉、三合二、优氯净（二氯异氰尿酸钠）、氯胺、过氧乙酸、福尔马林等。

由于施放的战剂微生物可能附在一些物品上，既不能烧，又不能煮、不能浸、不能喷，对付的办法就是用烟雾熏杀。此外，肥皂水擦洗、阳光照射及泥土掩埋等也是可以采用的办法。

2. 化学武器和化学毒剂

以毒剂的毒害作用杀伤有生力量的武器器材，称为化学武器。它产生杀伤破坏作用靠的是化学毒剂（或称化学战剂）。在战争中用来杀伤人员、牲畜、毁坏植物等的各种有毒化学物质都称为化学毒剂。化学武器的施放装置包括化学炮弹、化学航空炸弹、化学火箭弹、导弹化学弹头、化学手榴弹、化学地雷、化学航空布洒器及其他容器等。

人类利用有毒的化学物质由来已久。远古时期，人们为了生存，曾使用烟火将野兽从深穴岩洞中熏出，以猎取为食。

化学毒剂按毒害作用分类可分为：

（1）神经性毒剂。它是一类能破坏神经系统的毒剂，主要有沙林、梭曼、维埃克斯（VX）等。人员会通过吸入或皮肤吸收中毒，毒害作用迅速，主要中毒症状是瞳孔缩小、胸闷、多汗、全身痉挛等。

（2）糜烂性毒剂。它是一类能使细胞组织坏死溃烂的毒剂，主要有芥子气、路易斯气。人员会因吸入或皮肤接触而中毒，毒害作用通常比较缓慢，主要中毒症状是炎症、溃疡。

（3）全身中毒性毒剂。它是一类能破坏组织细胞氧化功能的毒剂，主要有氢氰酸、氯化氢。人员会因为吸入引起中毒，毒害作用迅速，主要中毒症状是口舌麻木、呼吸困难、皮肤鲜红、痉挛等。

（4）失能性毒剂。它是一类能造成思维和运动功能障碍，使人员暂时丧失战斗力的毒剂，主要有毕兹等。人员会因吸入而中毒，毒害作用较迅速，主要中毒症状是神经错乱、幻觉、嗜睡、身体瘫痪、体温或血压失调等。

（5）窒息性毒剂。它是一类刺激呼吸道以引起肺水肿造成窒息的毒剂，主要有光气等。人员会因为吸入中毒，毒害作用缓慢，主要中毒症状是咳嗽、呼吸困难、皮肤从青紫发展到苍白、吐出粉红色泡沫样痰等。

（6）刺激性毒剂。它是一类能刺激眼睛、上呼吸道和皮肤的毒剂，主要有西埃斯（CS）、亚当氏气等。人员会因为吸入、接触中毒，毒害作用迅速，主要中毒症状是眼睛疼痛、流泪、喷嚏、咳嗽及皮肤有烧灼感。

3. 人类战争史上生化武器的应用

在人类战争史上，利用生化武器作为攻击手段的记载很多，著名的例子是金帐汗国的大军在进攻克里米亚的战争中利用鼠疫攻进法卡城。原来蒙古士兵中有人因感染鼠疫而死亡，他们就把死者的尸体抛进法卡城里，结果鼠疫在守城者中蔓延，使其终于放弃了法卡城。

18 世纪，英国侵略军在加拿大用赠送天花患者被子和手帕的办法，在印第安人部落中散布天花，使印第安人不战而败，这是殖民统治者的可耻记录。

1915 年 4 月 22 日，德军在比利时的伊普尔战役中首次大规模使用毒气。当时战场出现了有利于德军的风向，德军打开了早已在前沿阵地屯集的装满氯气的钢瓶，一人多高的黄绿色烟云被微风吹向协约国军队阵地。面对扑面而来的刺鼻怪味，协约国守军大乱，阵线迅速崩溃，跟在烟云后面的德军未遭任何抵抗，一举突破英法联军防线。这次攻击中，协约国守军共有 15000 人中毒，德军亦有数千人中毒。毒气攻击的显赫战果引起了交战各国的极大重视。

从此，一些国家竞相研制化学武器，化学武器与防化器材之间的角逐由此开始。

1939 年，德国首先研制出新毒剂沙林，1944 年又合成出毒性更高的梭曼毒剂。1953 年，英国研制出维埃克斯毒剂。沙林、梭曼、维埃克斯统称神经性毒剂，这类毒剂毒性高、稳定性强，是目前为止各国化学武器的主要战剂。

在军用毒剂发展的同时，使用毒剂的方法也得到极大的发展。不仅有毒剂炮弹、炸弹和用于飞机布毒的布撒器，还有用于近战的毒烟罐和毒剂手榴弹。二战中，苏联研制出可发射氢氰酸毒剂的"喀秋莎"火箭炮，美国研制出 M-34 型沙林集束弹。抗日战争期间，日本军队对中国军民使用化学武器 2000 余次，染毒地区遍及 19 个省区。在朝鲜战争中，美国军队对中朝军民也曾多次使用过化学武器。

在战争中使用有毒的化学物质，历来遭到世界各国人民的反对。早在 1899 年，海牙国际和平会议就通过了《禁止使用以散布窒息性或有毒气体为唯一目的的投射物宣言》；1925 年 6 月，有 45 个国家参加的日内瓦会议，通过了《禁止在战争中使用窒息性、毒性或其他气体和细菌作战方法的议定书》。然而，化学武器的发展历史证明，国际公约并没能够限制这种武器的发展，更没能限制它在战争中的使用。化学武器成了一种禁而不止的大规模杀伤性武器。

生物武器，由于以往主要使用致病性细菌作为战剂，所以早期被称为细菌武器。随着科技的发展，生物战剂早已超出了细菌的范畴。生物武器的首次使用始于第一次世界大战，但大量研制生物武器是在 20 世纪 30 年代确立了免疫学和微生物学之后。1936 年，侵华日军在中国哈尔滨组建细菌研究部队，并先后在中国多处投掷细菌弹。后来，美国军队在朝鲜战争中也使用过生物武器。

国际公认的生物战剂有潜在性生物战剂和标准生物战剂两大类。作为生物战剂至少有 6 类 23 种病原微生物及毒素。这些生物战剂的使用方式已发展成以气溶胶形式大规模撒布。在现在大规模杀伤性武器中，生物武器的面积效应最大。

据世界卫生组织测算，1 架战略轰炸机使用不同武器对无防护人群进行袭击，其杀伤面积是：100 万吨当量为 300 平方千米；15 吨神经性化学毒剂为 60 平方千米；10 吨生物战剂可达 10 万平方千米。第二次世界大战期间，英国在格鲁伊纳岛试验了 1 颗炭疽杆菌炸弹，至今该岛仍不能住人。

十大最可怕的生化武器

从古时起，医学进步就促进了人们对有害病菌和人体免疫系统的认知。疫苗和治疗技术的提高，使人们进一步将地球上一些极具杀伤力的生物运用于武器制造中。

20 世纪上半叶，德国和日本使用了生化武器炭疽脓疱。美国、英国和苏联也纷纷开始了生化武器的研发。今天，根据 1972 年的生化武器公约和日内瓦议定，生化武器被禁用。然而即使一些国家早已销毁了库存的生化武器并停止了研究，威胁也依然存在。

下面，将为您解读一些主要的生化武器威胁。

1. 天花、炭疽——释放生化武器的方式不需要多花哨

说到生化武器，我们脑中总会浮现无菌的政府实验室、核生化服和试管中颜色鲜艳的液体。其实在历史上，生化武器总以单调平凡的面貌示人：比如一个四处游荡的流亡者，背着布满带病跳蚤的纸包，甚至 1763 年七年战争中的生化武器只是一条毯子。

1763 年，正在进攻印第安部落的英国部队将带有天花的毛毡送给敌对的印第安人部落。印第安人与欧洲侵略者不同，前者从没有碰到过天花，所以特别容易感染这种疾病，完全没有抵抗力。几天后，疾病像野火般在印第安部落里蔓延。

天花

天花是由天花病毒引起的，这些天花的特征有高烧、头痛及身上的水泡会发展到皮疹。这种疾病的主要传播方式是和感染者皮肤或体液直接接触，但在密闭狭窄的空间里它也可以通过空气传播。

1967 年，世界卫生组织努力通过大规模接种疫苗消灭

天花病毒

天花。结果，自然产生的天花病例在 1977 年后再未出现。这种疾病从自然世界消除了，但天花病毒的实验室副本仍然存在。美国和俄罗斯拥有经世界卫生组织批准的天花副本，由于天花在几个国家生化武器中扮演的重要角色，所以谁也不知道有多少秘密复制的病毒存在。

美国疾病预防和控制中心将天花归为 A 类生化武器，是因为它的高致命性和可在空气中传播的特性。虽然有天花疫苗存在，但如今通常只有医疗和军队人士才会接种——这意味着当天花成为武器时，剩下的人群都会面临危险。那么这种病毒可能通过什么方式释放呢？可能以喷雾剂的形式，也可能以最古老的形式：由受感染的病人直接带到目的地。

炭疽

释放生化武器的方式不需要多花哨，有一种武器只需要几张邮票就能传播，这才让人心惊胆战。

2001 年秋天，含有奇怪白色粉末的信屡屡被寄到美国参议院办公室和各大媒体手中。当信封中含有炭疽杆菌孢子的消息传开

后，恐慌接踵而来。炭疽信袭击事件导致22人感染，其中5人死亡。时隔7年，美国联邦调查局终于将犯罪目标锁定在政府炭疽科学家布鲁斯·伊万身上，他在结案前自杀身亡。

由于炭疽具有高致命性和环境稳定性的特点，也被定为A类生化武器。这种杆菌在土壤中生存，食草动物通常会在刨找食物时接触到它们的孢子。人类往往因接触、吸入、注射炭疽杆菌孢子而受到感染。

大多数炭疽杆菌都是皮肤侵入性的，也就是由皮肤接触孢子进行传播。但最致命的炭疽是吸入性炭疽杆菌，孢子会进入肺部并由免疫细胞带到淋巴结。在这里，孢子不断繁殖，并释放毒素，引发一系列症状：如发热、呼吸困难、疲劳、肌

茶花炭疽病

肉疼痛、淋巴结肿大、恶心、呕吐、腹泻和黑色溃疡。吸入炭疽杆菌是几种炭疽中死亡率最高的（可达100%，在药物治疗下也有75%）。2001年炭疽信事件中的5位患者感染的正是这种杆菌。

一般情况下，很少有人会感染这种杆菌，它也不能在人和人之间传播，所以通常只有医疗工作者、兽医和军人会接种疫苗。如果有人蓄意散播这种疾病，那我们大多数人都要处于炭疽袭击的危险之中了。

除了并未广泛接种疫苗以外——本文中提到的生化武器多半都有这个问题——炭疽的另一特点是长寿。许多有害的生物媒介在特定的条件下只能生存很短时间，但是炭疽杆菌在普通条件下可以存活几十年，而且仍然构成致命威胁。

以上的这些特点使炭疽成为全球生化武器实验的宠儿。20

世纪 30 年代后期，日本科学家在著名的 731 部队研究所开展了雾化炭疽杆菌的人体试验。1942 年，英国军队进行的炭疽炸弹试验，污染了整个格鲁伊纳岛，44 年后，清理这片区域仍需要 280 吨甲醛。1979 年，苏联无意中释放了雾化炭疽杆菌，导致 66 人死亡。

今天，炭疽仍是可怕的生化武器之一。历经多年，许多生物战项目都致力于研制炭疽杆菌，虽然疫苗是存在的，但大规模接种计划只有在炭疽大爆发时才有可能实现。

2. 埃博拉出血热、鼠疫——恐慌和死亡的代名词

埃博拉病毒

埃博拉病毒是十几种病毒性出血热症中的一种。20 世纪 70 年代，埃博拉病毒在刚果（金）（旧称扎伊尔）、苏丹等地传播，导致数百人死亡，并由此开始屡见报端。之后的几十年间，埃博拉病毒在整个非洲暴发，即便在有防护措施的情况下也颇具危险性。从最初被发现开始，这种病毒在欧洲、非洲和美国的医院与实验室至少暴发了 7 次。

这种病毒在刚果（金）的埃博拉地区首次发现，并因此得名。科学家怀疑埃博拉病毒寄居在非洲当地的某种动物身上，但真正的源头至今尚未查清。

一旦找到宿主，埃博拉病毒会通过血液或其他身体代谢物的直接接触进行传播。在非洲，这种病毒大范围传播。临床上，受感染的典型症状有突发高热、出血、休克、呕吐、腹泻和麻疹样斑丘疹，53%88% 的感染者会死亡。

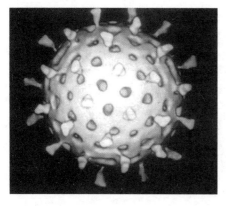

埃博拉病毒

当众多医学专家设法治疗并防止埃博拉暴发时，一群科学家却将这种病毒制成了武器。一开始，他们在实验室培育埃博拉病毒时遇到困难，而在培育马尔堡出血热上取得成功。20世纪90年代，他们解决了实验中遇到的难题。尽管这种病毒通常只能通过直接接触身体代谢物传播，但研究人员发现在实验室条件下，埃博拉病毒可在空气中传播。埃博拉病毒作为喷雾武器的可能性，使它及一系列出血热症病毒成为A类生化武器目录中的永久成员。

尽管出现只有几十年，埃博拉病毒已经成为恐慌和死亡的代名词。

鼠疫

接下来要介绍的，是一种在千百年间一直危害人类的瘟疫。

鼠疫引发的灾难

14世纪发生在欧洲的黑死病夺走了当时1/3欧洲人的生命，这场浩劫至今仍令世人心有余悸。光想想这种被称为"大死亡"的疾病可能重现世间，就足以让人们不寒而栗。今天，尽管一些研究者认为世界上第一次瘟疫大流行是由出血热病引起的，但瘟疫这个词却总和 A 类生化武器中的另一名重要成员纠缠不清，那就是鼠疫杆菌。

鼠疫有两种主要形式：腺鼠疫和肺鼠疫。腺鼠疫主要通过受感染的跳蚤传播，也可以通过患者的体液接触在人与人之间传播。这种鼠疫会导致腹股沟、腋下和颈部周围的淋巴结肿大，并伴有局部明显红肿热痛等症状。如果不在受感染 24 小时内施救，70% 的感染者将死亡。肺鼠疫出现的比较少，通常由咳嗽、打喷嚏及面对面接触的空气传播。它的发病症状有寒战高热，伴明显毒血症及呼吸道症状。

鼠疫感染者——不论生死——都是这种生物武器的有效传播工具。1940 年，日本向中国一些地区空投了带病的跳蚤，导致了鼠疫大暴发。今天，科学家们预测鼠疫病菌将被制成喷雾器，用以引发肺鼠疫大流行。尽管如此，以害虫为载体的传统攻击方式仍有可能出现。

由于鼠疫疾病仍会自然发生，所以病毒的副本可以轻松取得。在恰当有效的治疗下，鼠疫的死亡率可以降低，但目前尚无鼠疫疫苗。

3. 兔热病、肉毒梭菌毒素
——有效的生化武器并不一定要有高致死率

有效的生化武器并不一定要有高致死率，或许它就在你周围，而你却看不见。请看接下来的条目。

兔热病

兔热病是由土拉杆菌所致的急性传染病。尽管兔热病目前死亡率很低，但引起该种疾病的微生物是世界上最易感染的细菌。

兔热病 1

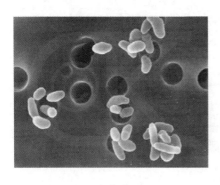

兔热病 2

1941 年，苏联出现了一万例病例。次年，德军围攻斯大林格勒，发病人数陡增至十万，大多数的病例发生在德方。有人声称，这起传染病事件并非偶然，而是生化战争的产物。

土拉杆菌存在于不少于 50 种生物中，尤其在啮齿目动物（如家兔和野兔）中广为存在。人类感染此类疾病多是由于和带病动物直接接触或被带病昆虫所咬导致，而那些动物或昆虫则是因为吃了受污染的食物或吸入悬浮微粒状的病菌。

兔热病的潜伏期为 35（110）天，并因受感染的方式不同而有所差异。病人可能会出现的症状有寒战高热伴头痛、肌肉痛、食欲减退等毒血症症状，常伴淋巴结和肝脾肿大，并可有皮疹。如果不及时治疗，受感染者将会呼吸衰竭、休克和死亡。

兔热症不会在人与人之间传播，且可以通过抗生素治愈或注射疫苗来防治。然而当其在动物和人之间传播，或者利用喷雾剂形式散播时，便很容易迅速扩散。虽然死亡率低，但易传播的特点仍然使兔热菌成为 A 类生化武器。在气溶剂中，它有很强的生命力。因此，美国、英国、加拿大和苏联都曾致力于开发兔热症生化武器。

肉毒梭菌毒素

请先深吸一口气。刚吸入的空气中是否含有肉毒梭菌毒素，人们根本无法确定。在武器化的空气传播病菌中，这种致命细菌是完全无色无味的。吸入后肉毒梭菌的第一征兆

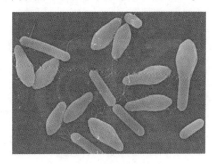

肉毒梭菌

是：视力模糊、呕吐和吞咽困难。这时，唯一的需要就是肉毒抗毒素——并且要赶在症状恶化之前使用。如果不治疗，它将使肌肉无力，最终破坏呼吸系统，使其停止工作。

肉毒梭菌在 6 大 A 类生化武器中占有一席之地。如果及时用呼吸器帮助你的肺部进行呼吸，肉毒梭菌的致死率可以下降很多，但病人的康复仍需要很长时间。这是因为毒素常聚集在神经末梢与肌肉交汇的地方，可以有效切断脑部发出的信号。想要从肉毒梭菌病中完全康复，病人必须长出新的神经末梢——这一过程要耗时数月。现存的疫苗经常因有效性和副作用受到质疑，因此没有广泛使用。

肉毒梭菌的存在极广，尤其在土壤、海洋沉积物、水果、蔬菜和海鲜中。在这种状况下，它们是无害的。只有当它们开始生长时，毒素才会生成。人类接触这种毒素的主要方式，是误食带菌的食物。比如，储存不当的食物往往为肉毒梭菌孢子繁殖提供良好条件，严重的外伤和婴儿的消化道也是类似的环境。

因威力、可用性和难治愈性，肉毒梭菌早已成为一些国家生化武器开发实验的宠儿。幸运的是，想有效使用这种肉毒梭菌仍面临很大挑战。

虽然肉毒梭菌的死亡率很高，但它并不是一无是处。使用小剂量的提纯肉毒梭菌，可以用来治疗神经疾病、进行美容修护，甚至是抚平皱纹。人们或许更熟悉与它相关的商品名：保妥适（Botox，肉毒梭菌素）。

4. 稻瘟病、牛瘟——影响食物供应的生化武器

使用生化武器并不一定要直接杀害敌人。许多病毒、细菌和毒素对人类有明显威胁，但也有很多病菌喜欢另一种猎物：粮食作物。

我们下面要揭晓的两类毒素，它们能极大影响食物供应。

稻瘟病

有些国家，特别是美国和俄罗斯，已经在大力研究以食品作物为目标的疾病和昆虫。现代农业重视大规模生产单一作物的现状，使虫害和饥荒变得更容易发生。

作为生化武器之一，稻瘟病是一种由稻梨孢真菌引起的水稻病害。受感染的植株叶子上会布满数以千计的真菌孢子，出现灰色病变。这些孢子能迅速繁殖，并在植株间传播，伤害作物并减少产量。尽管培养具有抗性的植物是个好方法，却很难抵御稻瘟病，因为培育的抗病作物可以对抗一种真菌，却不能对抗几百种真菌。

稻瘟病并不能像天花或肉毒杆菌那样杀人，但它可以引起贫穷国家的严重饥荒、经济困难和其他重大问题。

包括美国在内的许多国家已经在研制稻瘟病生化武器。肉食者也不能掉以轻心，下面这种疾病就会对肉产品造成威胁。

牛瘟

13 世纪成吉思汗进攻欧洲时，无意中发动了一场可怕的生物战，他用来运送供给的灰色草原牛染上了致命的牛瘟。

牛瘟是由一种近似麻疹的牛瘟病毒引起的，会影响牛、羊、鹿和骆驼之类的反刍动物。牛瘟具有传染性，会引起牲畜发烧、败血性病变及黏膜炎症。

从古至今，感染牛瘟的动物经常被人类带到世界各个角落，引起数百万牛、其他家畜和野生动物的死亡。有时，在非洲的牛

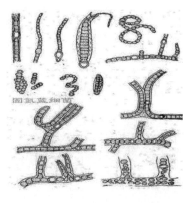

牛瘟病毒

瘟大暴发极其严重，致使狮子不得不转而吃人。多亏了现有的检疫和免疫系统，让牛瘟在世界大多数地区得到控制。

当年成吉思汗用牛瘟当生化武器只是误打误撞，现代许多国家却不那么无辜，加拿大和美国已经利用牛瘟研制出反家禽生化武器。

许多可怕的生化武器可以追溯到古代，然而有些新研制的却让人害怕。

5．尼帕病毒、嵌合病毒
——在尚未发觉的角落潜藏的生化武器

随着时间的推移，病毒也在不断演变，人类和动物的接触有时会令威胁生命的疾病冲上食物链的顶端。每次疾病大暴发登上

新闻头条时，几乎可以确信，正有人考虑把它变成武器。

在那些尚未发觉的角落，还潜藏着什么生化武器？

尼帕病毒

尼帕病毒直到 1999 年才引起世界卫生机构的注意。那次疾病大流行发生在马来西亚的尼帕地区，265 人感染，105 人死亡。90% 的感染者以养猪为生，卫生工作者认为此病毒在果蝠身上自然存在。具体传播途径目前还不清楚，但专家们认为病毒可能是通过皮肤或体液接触而传播的，目前还没有人对人的传染报告。

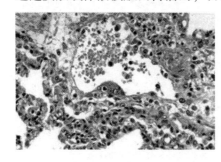

尼帕病毒

此病症最初表现为像感冒似的温和症状，如发烧、肌肉痛、头痛、呕吐和喉咙痛。之后可能出现头晕、嗜睡、意识混乱等症状。在一些严重病例中，病人会患上非典型肺炎、严重呼吸道疾患和脑炎等，并最终昏迷。尼帕病毒的死亡率为 40% 75%，目前还没有标准的治疗技术和疫苗。

和众多新出现的病原体一样，尼帕病毒被归类为 C 类生化武器。尽管没有已知国家在研制此类生化武器，但潜在的广泛传播性和高死亡率仍有可能使它成为生化武器。

嵌合病毒

瘟疫、天花和炭疽——这些最致命的病毒的致病特征只不过是自身演化的副产品，但科学家们如何用基因技术对它们的缺陷进行弥补呢？当把人类发动战争的欲望加进它们的自然结构中，会产生怎样恐怖的局面？不幸的是，这种病毒改良实验不仅仅存在于科幻小说中，而且正在发生。

现代基因科学给了我们前所未有的操纵生物体的能力，这种能力落在坏人手里，就能创造出令人恐惧的新型生化武器。

嵌合病毒

在希腊神话中，有种由狮子、羊和蛇组成的怪物，名叫奇美拉。艺术家在中世纪末期总是用这种生物来象征恶魔的复杂天性。在当今基因科学中，嵌合病毒也是由不同种群的基因组合成的"奇美拉"。

听到这个名字，您可能会认为那是人类出于邪恶目的制造出的病毒。幸运的是，我们对基因学的研究使得人类目前制造出的主要是良性病毒，比如普通感冒病毒和小儿麻痹病毒的嵌合体，可能有利于治愈脑癌。

但是只要战争还存在，基因科学的滥用就不可避免。基因学家已经发现，通过改变基因结构，可以增加天花、炭疽等生化武器的破坏性。理论上通过基因结合，科学家可以创造一种使两种疾病同时暴发的病毒。在20世纪80年代，苏联的嵌合计划研究出将天花和埃博拉病毒合二为一的可行性。

其他潜在的可怕组合包括了需要特定引发物的病毒。某些隐形病毒将长时间保持休眠状态，直到被某种预先设计好的刺激激活。另一些组合式生化武器需要两种成分才能起效。试想有这样一种肉毒杆菌，它在与解毒药物结合后会变得更致命，那该多么可怕。这种生化武器不仅会带来高死亡率，还会损害公众对卫生体系和政府的信任。

从分解原子到揭开生命之谜，20世纪的科学研究让人类有能力创造更好的世界，或者把它彻底毁灭。

是病毒毁灭人类，还是人类战胜病毒

这是人们最为关心的一个科学话题。

回顾一下人类对抗传染病的历史，其中有许多值得我们深思。

首先，很多关于疾病的科学研究成果并不都能顺利被接受。其次，找到了传染源，发现了致病菌，制造了疫苗，是不是就万事大吉了？未必。古老的传染病一个个死灰复燃，新的传染病又接踵出现。人类诞生以来，就在不断地与各种各样的病毒打交道，科学家也一直都在研究病毒所携带的"武器"。

很多科学家认为，21世纪人类会与病毒有几场遭遇战。目前世界各国的病毒防病体系已经建设得越来越完善，相信会有更好的方法能与各种病毒战斗。

1. 我们的布罗德街水井在哪里

关于疾病的科学研究并不都能顺利被接受。有时，存在于科学家之间的分歧会很严重。

1883年6月，第五次霍乱世界性流行开始了。当时在微生物学和细菌学研究方面占领先地位的德国，派出医疗小组去帮助其他国家。

德国医学家罗伯特·科赫鉴于在埃及和印度的观察研究确信，那种在霍乱病人尸体中发现的杆菌就是导致霍乱的祸首，它不像别的杆菌那么长直，"有点弯，有如一个逗号"。他特别提到：这种独特的有机物在霍乱患者身上能找到，但其他症状的病

234

人没有；等病人恢复后，该病菌又消失了；在健康的人身上，也找不到这种病菌。

这个著名的"逗号"就是后来的"霍乱弧菌"。

当时，与科赫同期研究霍乱的还有德国著名卫生学家彼腾科夫，他在当时有很高的权威，被称为"理所当然是当代最伟大的霍乱权威"，追随者云集。后者非常反对科赫关

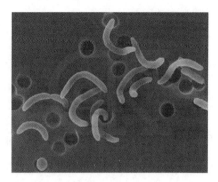

霍乱弧菌 1

于霍乱弧菌致病的观点。他嘲笑科赫的理论，为之取名为"热情猎取逗号"理论。

彼腾科夫为了证明自己的理论正确，在 1892 年 10 月的一次讲课中，竟然打算当众把一试管"科赫的逗号"——霍乱弧菌培养物——喝下去。面对惊恐万状试图阻挠的学生，他发表了一段激动人心的演讲，并要求学生们为这项实验做证：

"我应该完成这项实验，为的是使你们，使整个学术界，也使科赫本人相信他的假设的错误。我应该当着众人做这实验，而你们就应该同意做这证人。为了我，也为了科学！"

学生们惊呆了，慌作一片。彼腾科夫趁乱一口气把那些"逗号"都喝了进去，然后神态自若地站立在讲台上，他对自己的行为和健康感到无限欣赏。

庆幸的是，彼腾科夫向科赫索取霍乱弧菌培养物时，科赫猜想到了用途，把培养物多次稀释，使细菌的毒性降低到了极点。彼腾科夫因此没有患上霍乱，他只是在实验 3 天后患了肠黏膜炎，6 天后开始腹泻，再过几天便康复了。但是，霍乱菌的侵入大大损坏了他的健康，导致其机体免疫力严重下降，此后十几年

间他百病丛生。彼腾科夫痛苦地感到自己不能再为人类科学事业做任何贡献了，便用手枪结束了自己的生命。

虽然有彼腾科夫的嘲讽，但科赫的理论最终还是为人们接受了，他是幸运的。接下来所要介绍的研究者，却远没有他走运。

1831年起，因交通方式的变革，起源于印度的霍乱在伦敦登陆。那时的细菌学尚不发达，人们认为自己是由于呼吸了带有毒气的空气才引发了疾病。从1831年到1854年，英国共流行了四次大霍乱，数以万计的人死去。刚刚工业化的城市在一次次传染病浪潮中受到巨大打击，但"毒气"观点一直统治着人们的思想。

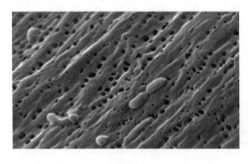

霍乱弧菌2

伦敦一位年轻的医生却不相信这一点，他叫约翰·斯诺。这个农夫的儿子本来是妇产科的一名麻醉师。他在长年从医经验中发现，霍乱不像当时的其他传染疾病那样，首先表现为寒战、头痛或高烧，霍乱患者的最初症状都是从消化道开始的。

他认为病菌是不可能通过空气传播的，食物或者水才是最有可能的传播途径。为了证明自己的理论，他于1849年专门出版了一个小册子，名为《霍乱的传播方式》。但是，没有人相信他的观点。

1853年，又一次大规模的霍乱在英国开始流行。疾病蔓延到伦敦以前，已经造成一万多人死亡。1854年，伦敦的索斯沃克区和朗伯斯区有病例发生，伦敦南城一处叫"索豪"的居民区，也有一些看起来互无联系的病人。

接下来的 3 天内，索豪区布罗德大街上死了 127 个人。不论穷人还是富人，只有极少数的家庭还剩下一两名家庭成员。斯诺感到，证明自己观点的机会到来了。他放弃了其他工作，起早贪黑，无偿地投入追寻流行病因的工作中去。他到伦敦死亡登记中心要来了所有因患病去世的人的详细住址，并把每个死者都用一个黑点表示，登记在一张伦敦地图上。连续几天对患病家庭的调查，让他的目光集中到了布罗德大街与牛津街交汇处的一口水井上。他后来写道："我发现，几乎所有的死者都住在离这口井不远的地方。"事实上，离这儿不远的另一口水井周围的居民，仅有 10 名死者，这其中有 5 名经常饮用布罗德街水井的水，还有 3 名是小学生，他们也许在上下学的路上喝过这口井的水。于是，斯诺对这口井取样，拿到显微镜下观察，他发现水里含有一些"白色的带有绒毛的微粒"。9 月 7 日时，他已经确定，这口井就是散布霍乱的原因。斯诺找到了主管人员，告诫他们，应该封闭这口井，以防止霍乱进一步蔓延。

那些官员根本不相信斯诺，但他们表示愿意试试——他们取下了水泵的摇把。奇迹发生了，第二天，发病的人数迅速减少，到 9 月底，死亡数字在 616 名上停止了。斯诺并没放弃继续调查。

一个住在城市西部的寡妇在 9 月 2 日因霍乱死了，她与布罗德街的水井没有任何关系。与此相同的还有住在另一个城区的一个女孩。斯诺到那个寡妇家里进行调查。他从儿子那里得知，这个寡妇曾在布罗德街居住过，她声明自己非常喜欢布罗德水井的味道，所以搬走后每天都派仆人到那里打一大桶水回去喝，最后一次打水就是在 8 月 31 日。而第二个女孩恰巧是这个寡妇的侄女，她曾在 8 月 31 日造访，并和姑妈一起喝了这桶水。

布罗德街拐角处的一个工厂里有 530 多人，却只有 5 个人患了霍乱。斯诺前去调查，发现原来这个工厂有自己的水井，工人不从街上的水井里取水；布罗德街酿酒厂，70 名工人无一患病，原来工厂每日提供给工人免费啤酒，"根本没人喝水"；一个住在另一城区的军官也患霍乱死去了，原来他曾到布罗街附近一家餐馆吃饭，席间喝了一杯从布罗德街水井打来的水。

所有的线索都指向布罗德街的水井。那么，究竟是什么原因导致水井被污染呢？在一位牧师的帮助下，斯诺找到了原因。就在 8 月底霍乱大流行开始前，住在布罗德街 40 号的一个小男孩出现了霍乱的症状，家里人把为他洗尿布的水倒在了离布罗德街水井不远的排水沟里，而这个排水沟与布罗德街水井并未完全隔离。

这之后的半个世纪中，斯诺的霍乱传播理论渐渐被人们接受，霍乱弧菌的发现更引起人们对公共卫生和地下水功能的重视，欧洲各国纷纷采取措施进行改善。自那以后，英国再也没有暴发过大规模的霍乱。

虽然约翰·斯诺没有发现导致霍乱的病原体，但他创造性地使用空间统计学查找到传染源，并以此证明了这种方法的价值。

今天，绘制地图已成为医学、地理学及传染病学中的一项基本研究方法，"斯诺的霍乱地图"也已成为一个经典案例。当医学家遇到棘手的传染病问题时，常常会问："我们的布罗德街水井在哪里？"

2. 病毒最厉害之处就是不断进化

找到了传染源，发现了致病菌，制造了疫苗，是不是就万事大吉了？

未必。

疟疾也是一种古老的传染病。我们现在已经知道，它是由蚊子传播的。1996 年，纽约自然博物馆的一位工作人员发现了一块中间粘着一只蚊子的琥珀，经检测认定它是 9000 万年前的生物。这说明，这种疾病的传播者在那么久远以前就已经存在了。但直到 19 世纪末，才由英国微生物学家罗斯证实了蚊子传播疟疾。当时，全世界每年有几亿人感染疟疾，几百万人死于此病。罗斯的发现对控制疟疾传播起了决定性作用。

开挖巴拿马运河时，遇到的最大困难，便是很多工人患了疟疾和黄热病。由于罗斯的发现，当地政府下大力气消灭蚊子，保证了运河的最后建成。

然而灭蚊行动在一个世纪之后却带来了巨大灾难。20 世纪 50 年代，加里曼丹岛的许多人感染了疟疾，世界卫生组织采取了一种简单、直截了当的解决方法：大面积喷射滴滴涕（DDT）消灭蚊子。蚊子死了，疟疾得到控制。可是没过多久，当地老鼠数量迅速增加，当地又面临着暴发大规模斑疹伤寒和鼠疫的危险。这是怎么回事？

原来，滴滴涕在杀死蚊子的同时，还杀死了一种小黄蜂。小黄蜂是一种毛虫的天敌，这种毛虫专吃屋顶的茅草。小黄蜂大量减少，毛虫大量增加，导致人们的屋顶纷纷倒塌。被毒死的蜂成为壁虎的粮食，壁虎又被猫吃掉……滴滴涕的使用，无形中建立了一条新的食物链，其结果是对当地的猫造成巨大杀伤力，猫数量的减少直接导致老鼠的大量繁殖。

面对再一次暴发大规模瘟疫的威胁，世界卫生组织不得不采取另外一种办法：向当地空降 1.4 万只活猫。

在与疟疾斗争的漫长过程中，人们发现，生长在秘鲁安第斯山脉的金鸡纳树皮对治疗这种疾病有奇效。17 世纪，随着西班牙人统治了秘鲁，该树皮的作用被欧洲人认识，大量的金鸡纳树皮被运往欧洲, 高价出售。

高额利润驱使世界各地的商人和冒险者前去砍伐, 滥伐使当地森林遭到极大破坏。到 18 世纪中期, 这个为人类健康带来巨大好处的树种几乎绝种。直至 100 多年后, 法国植物学者和荷兰政府将金鸡纳树种带到爪哇, 发展起了专门种植金鸡纳的大工业, 这才挽救了这位人类的"恩人"。

金鸡纳树皮里含有多种生物碱。1820 年, 法国两位化学家从中提炼出奎宁, 制成了治疗疟疾的特效药。可是, 到了 20 世纪 50 年代, 这种药物突然不那么管用了。科学家发现, 疟原虫演化出了抗药菌株。自那时起, 无论专家们使用什么新药或药物配伍, 总有一些疟疾能够设法逃避药效。至 1997 年, 全球仍有几十个国家面临疟疾的威胁, 每年约有 100 万儿童因此死亡。

与此同时, 古老的传染病一个个死灰复燃, 新的传染病接踵出现。艾滋病、埃博拉病毒、西尼罗病毒……它们不断在人类社会造成大范围的恐慌和社会问题, 环球旅行的便利更增加了传染病在世界范围内传播的机会和速度。

20 世纪 60 年代, 随着抗生素和抗滤过性病原体的发明, 人类充满信心地认为自己已经永远征服了各种传染疾病, 所有病毒都可以被抗生素杀死。不幸的是, 很多病毒开始转变它们的基因以抵抗抗生素的作用, 让医学家们束手无策的病毒不减反多。

病毒最厉害的武器就是不断地进化

我们现在遇到的很多病毒都是人类之前没有感染过的。但是, 这些病毒其实并不是新的, 它们早已存在于环境当中了。在一定的条件下, 人类感染了这些病毒, 为了适应人类这个新的宿主, 病毒进行了快速的进化。比如甲型 H1N1 流感, 从最初被发现, 到如今已经传遍了世界。它在与人类的斗争中适应了人体环境和人的生活习惯，成为能够快速传播的新病毒。

但是科学家研究发现，由于病毒不能独自生存，必须寄生在宿主的细胞当中。因此，聪明的病毒不会毁灭人类，它要维持自身的生活就要让一部分人类生存下来。当病毒确立了在人类中的感染地位后就会变得比较温和。只有人类掌握抵御这种病毒的方法时，病毒才会再次发生进化和变异，开始与人类进行新的斗争。

病毒的另一个武器是进化的随机性和方向性

由于病毒具有进化的方向性，因此科学家可以预测病毒将会向哪个方向进化和发展，从而便可以提前准备好应战的方法，给人们的生活做出指导。但是，有些病毒的进化具有随机性，遇到这样的情况时，科学家的预测就会失效。就像流感病毒，科学家虽然根据其进化的方向预测它会在人间造成流感大流行，但是由于其随机性，科学家并不能准确地预测下一次大流感来临的时间和强度。

很多环境问题和人类自身的行为有利于病毒

科学家已经发现，由于病毒在较高的温度下更容易被激活，所以目前，至少已经有几十种病毒是由于全球变暖而被激活的，这将造成很多以前曾大规模流行的传染病会再次在人类中肆虐。

而在冰川中封存的古老病毒，也会随着冰川的融化重新来到人类社会中，对此毫无抵抗力的人类会因此大范围地受感染。与此同时，由于人类大量侵占野生动物的领地，在与这些动物及其生存环境接触中，动物所携带的病毒也会传播到人体当中。

人类交通工具的不断发展和城市中的高密度聚集给病毒的传播起到了推波助澜的作用，使一种病毒能在很短的时间内传播到世界的每个角落，而抗生素等药物的滥用也加速了病毒的变异。恐怖分子用生化武器人为制造致命瘟疫的威胁也不能排除。这一切，都向人们昭示着：虽然人类对瘟疫的传播已经有了很有效的控制，但是，这并不意味着人类与传染性疾病的战争已经结束。

人类同传染病的斗争是无止境的。尽管我们已消灭或基本消灭了许多种在历史上作恶多端的传染病，但是即使在医学最发达的国家，也还不能完全避免传染病的威胁。

消毒计划——攻克病毒恶魔

黑死病远去，天花被开除球籍，人类一次次战胜大疫，然而那些存封于瓶内的魔鬼一旦释放出来，我们将陷于何种境地？如果出现比 SARS、禽流感更可怕的流行病毒，全球的防疫体系将如何应对？

1. 病毒政治——实验室即武器库

如果说瘟疫的历史同时也是一部人类的兴衰史，那么医学对病毒的认知则是和军事齐头并进的。

19 世纪，巴斯德发现病原体。在柯克奠基了细菌理论后不久，细菌战便实地上演了。挺过比一战更为严苛的"1918 年大流感"后，20 世纪成为人类与病毒抗争史上值得骄傲的一个世纪：抗生素的发明，使得人类在被已知病毒感染后能够得到有效治疗，面对未知病毒威胁时亦不至于赤手空拳；疫苗的接种使得肆虐地球几千年的天花病毒被彻底根除，这是人类第一次手刃宿敌并将之开除"地球籍"；脱氧核糖核酸（DNA）双螺旋结构的发现，将现代生命科学推向了一次高潮，那些曾经凌驾于人类头顶的结核分枝杆菌、霍乱弧菌、炭疽杆菌、鼠疫杆菌等纷纷现形，甚至可以通过任何一家网站查到它们的 DNA 排序图。

这意味着什么？2002 年 7 月号的《科学》杂志向我们展示了一种可能：纽约州立大学石溪分校的温默等人，邮购了 DNA 原料，并对照从互联网上下载的基因组序列信息，在实验室中合成出了脊髓灰质炎病毒。一切就好像做饭一样，买来食材、佐料照着菜谱一番烹煮，杀人于无形的病毒便会出现在试管里。"这在科学上毫无价值。"专家们对这种无甚技术含量的研究嗤之以鼻。然而这在社会上已足以引发恐慌：这不单启发了恐怖主义者的思维，更提供了行动样板。

镶着尖刺的铁丝网，包围着三重数米高的围栏，每层围栏均装置有触摸传感警报器，隐于其内的俄罗斯国家病毒学和生物技术研究中心（Vector）是俄罗斯最秘密的生化武器研制点，也是目前权威的流行病分子生物学研究中心之一。

其最隐秘的病毒库，很少有工作人员能够进入，即便是世界卫生组织代表也必须获得俄罗斯当局特批。在这里，几乎可以找到所有曾经在历史上活跃过和正在活动中的高危病毒、所有的细菌战必备标本，比如"毒中之王"埃博拉病毒、出血性寒热病毒和多种天花病毒。

"我们的安全防护更胜核试验机构。"中心负责人对这座拥有几天之内可毁灭半个地球能量的"活火山"的安稳性极为自信。然而在地球的另一侧，位于美国亚特兰大的国家疾病控制与预防中心（CDC，储存有 451 种天花病毒分离物的一处生化研究机构）的人们对此很难信服：在俄罗斯，这些科研人员的微薄薪水不到白领阶层一般员工的 1/10，甚至连保安和清洁工都不如。单凭道德和伦理何以对垒生物恐怖主义者的贿赂？

2. 天价计划与沮丧的演习

防御和治疗，是面对任何人为或自然瘟疫威胁时紧密相扣的两环。"九一一"之后，美国开始在病毒防御计划上投入巨资：2001年达到4.18亿美元，2005年达到76亿美元，5年内投资猛增了18倍。另一项由国防部、公共卫生部门、民间机构和社会平民联合开展的战略计划亦在酝酿中，预计该计划将历时10年，耗资300亿美元。

研制更加理想的生物探测器、将散落在全国各地的微生物实验室连成网络，并建立"逐级上呈"信息传递制度，通过开放数据库和邮件系统随时收集更广泛的信息源情报并下达权威操作建议……世界卫生组织、美国国家疾病控制与预防中心、公众健康防护办公室等机构在加强疫情监测和预警系统建设上不遗余力。

隶属美国国土安全部、正在建设中的"国家生化防御分析与应对中心"（NBACC）直指生化武器恐怖威胁。这个耗资上亿美元的实验室将制造和试验少量武器级的微生物体，这包括一些经过基因改造的细菌和病毒，该中心甚至还将开展逼真的模拟生物恐怖袭击。这显然违背1972年签署的《禁止生物武器公约》，但这种"以毒攻毒"的防御理念却为美国所坚持，并在许多国家引发高潮。

在亚特兰大、费城、俄克拉何马城和丹佛市，生化危机应急演习曾多次进行，却以恐怖分子一次又一次的胜利而告终。国会议员听取报告后目瞪口呆：美国向来引以为傲的联合防御战线，对生化恐怖袭击、任何的突发公共卫生事件都还远未做好准备。

无独有偶。2005年1月，美国联合欧盟各国在华盛顿举行了代号为"大西洋风暴"的生物战演习。美国前国务卿奥尔布赖特扮演美国总统，英国、法国、德国、荷兰、捷克、以色列等国时任政府高官分别扮演其所在国的首相或总理。演习设定的背景是，世界各国领导人在华盛顿参加一次峰会，讨论如何应对类似印度洋海啸的突发事件。这时，"基地"组织突然发动一场大规模的生物恐怖袭击，在澳大利亚制造出了天花病毒，同时向全球数十个城市散布。各国的公共卫生应急系统即刻启动，疫苗和药物储备投入战斗，监测和追踪机构精密运转，医疗和非药物干预忙而不乱。当然，这是最理想的情况。事实上，演习后发布的模拟新闻公告指出：生物恐怖袭击之后两个月，美国45000人死亡，世界数百万人奄奄一息，全球经济停滞不前，民族冲突烽烟四起。在演习中扮演荷兰首相的荷兰前内政大臣德弗里斯说："许多国家缺乏准备的程度令人震惊。"

在美国国家疾病控制与预防中心近期的一次大流感暴发演习中，原本设定持续24小时的行动仅进行了一半便草草收场，因为暴风雪使得室外的环境过于恶劣和艰难。

1918年夺去几千万生命的大流感病毒基因谱系尚未绘出，科学家们已很不乐观地预测下一次的瘟疫正在步步紧逼。倘若它真的到来，人类将如何阻挡死亡的脚步？

番外：人类历史上发生过的特大传染病流行事件

西方史料中最早一次大的有文字记载的——此前只有考古物体证据上的传染病遗迹——是公元前430年至前427年在雅典发生的瘟疫，希腊历史学家修昔底德详细描述了这次瘟疫流行的情形。

据修昔底德记载，在公元前431年，西方史上早期的大规模战争之一——伯罗奔尼撒战争开始了。在这次战争之前，古希腊人从来没有遭到像天花这样的传染病攻击，虽然那时候可能已有流感、结核和白喉等病发生。

伯罗奔尼撒战争使得新型流行病从非洲传到了波斯（即今天的伊朗一带），再在公元前430年到了希腊。这次重大传染病造成的后果非常严重，它使得雅典军队的生力军大量死亡，瘟疫继续在希腊南部肆虐，导致了城邦大量人死亡。

根据修昔底德描述的病人的惨状，以后的科学家们推断，那场瘟疫有好多种疾病，包括鼠疫、天花、麻疹和伤寒，等等。

这次瘟疫造成西方文明史上的一次重大改变：因为雅典本来有称霸整个希腊半岛的雄心——雅典是古希腊两个最强大的城邦国之一——但因为这次瘟疫，死了那么多军人和平民，仗难再打下去了，雅典称霸不起来了。

到了公元165～180年间，罗马帝国时期发生了另一场非常厉害的黑死病瘟疫——那时候罗马是安东尼称帝，史书称之为"安东尼时期黑死病"——在15年左右的时间内导致了罗马帝国本土1/3人口的死亡。过了不到两代人的时间，即公元211～266年间，罗马又遭到第二次传染病的大袭击。

这两次瘟疫横行之后，加上其他一些原因，罗马帝国衰落下去了，造成了西方文明史上又一次重大的改变。小小的病毒细菌，把不可一世的罗马帝国折磨得气喘吁吁，不堪重击，蛮族入侵进来，它就灭亡了。

第一次瘟疫流行期

这些瘟疫的发生，多是在19世纪以前，史学界将其称为第一次瘟疫流行期。

黑死病——中世纪的噩梦

14 世纪，一种被称为瘟疫的流行病开始在欧洲各地扩散。这种病的一种症状，就是患者的皮肤上会出现许多黑斑，所以这种特殊的瘟疫被人们叫作"黑死病"。对于那些感染上该病的患者来说，痛苦地死去几乎是无法避免的，没有任何治愈的可能。

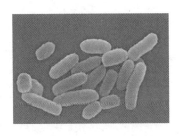

高倍显微镜下的黑死病毒

引起瘟疫的病菌是由藏在黑鼠皮毛中的跳蚤带来的。在 14 世纪，黑鼠的数量很多。一旦该病发生，便会迅速扩散。在 1348 年至 1350 年间，总共有几千万欧洲人死于黑死病。但是，

黑死病患者的手

这次流行并没有到此为止。在以后的 40 年中，它一再地发生。

因黑死病死去的人如此之多，以致劳动力短缺。村庄被废弃，农田荒芜，粮食产量下降。紧随着黑死病而来的，便是欧洲许多地区发生了饥荒。

霍乱

与"黑死病"不相上下的，便是霍乱。

由于古代交通限制，霍乱的滋生地与世界各国隔绝，所以此病的传播比较慢，医学史家形容"霍乱骑着骆驼旅行"。直到 19 世纪初，霍乱还主要局限在当地。然而随着世界贸易

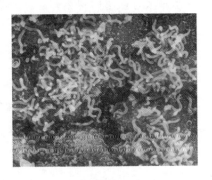

霍乱弧菌

的不断扩大，为霍乱病毒更新了"旅行方式"。

整个 19 世纪说是"霍乱世纪"一点也不为过。这一期间，霍乱共有六次世界性流行的记录，其中断的时间远远短于流行的时间，从 1817 年至 1926 年，不到 30 年的时间里，人们内心怀着恐惧过着远离霍乱的日子。

麻风

麻风是一种和人类文明一样古老的传染病，但它是慢性的，不一定会致死。

按中世纪基督教的观念，一个人患了麻风病，是由于其犯有罪孽，引起了上帝的愤怒。因此，在现实社会中，所有麻风病人都被视为"不可接触的贱民"。

麻风村

为了将他们与普通人分离开，欧洲将一部分麻风病人流放到毫无人迹的岛屿上，却不提供任何医疗手段。

更多的国家兴建大量麻风病院，对病人进行关押。麻风病院对待这些受到上帝惩罚的人是十分严厉的。那里的生活，实际上等于幽禁。病院的规章制度近于严酷，并强制所有进院的病人宣誓遵守，例如，男病人必须与他的妻子正式分开，女病人甚至要宣誓当一名修女，过着完全与社会脱离的独身生活。

英国国王爱德华三世在 1346 年曾发布过一道公告，命令在伦敦市和全国各郡内，凡不肯在限定的 15 天内离开市区的麻风病人，政府将没收属于他们的全部财产。中世纪欧洲的其他国家也有类似的规定。当时在英国，还规定麻风病人只能穿特制的衣服：一袭黑色的斗篷，前胸贴有两块会掀动的白色补丁，帽子上也有一块同样的补丁。这样，不但能远远就被人看见，而且走近时，补丁也会发出哗哗的声响，引起旁人的警戒。

这些过于严苛的法令，使麻风病人除了遭受肢体伤痛外，心灵也受到极大摧残。他们不得不身穿斗篷，挈妇携幼，在街头屋角躲躲藏藏地生活。

狂犬病

狂犬病毒的面貌清晰地呈现在人们眼前仅仅百余年的历史，但明确的病毒致病记载早在几百年前就有了。早在1566年，疯狗咬人致病的案例已经被记录下来，但直到1885年，人们还不知道狂犬病到底是由什么引起的。

在细菌学说占据统治地位的年代，法国著名科学家巴斯德的试验为狂犬病的防治开辟了新的路径。巴斯德在实践中发现，将含有病源的狂犬病延髓提取液注射兔子多次后，再将这些毒性已递减的液体注射于狗，就能使此狗抵抗正常强度的狂犬病毒感染。

第二次瘟疫流行期

接下来的第二次瘟疫流行期是从19世纪至20世纪中期。这一时期，世界流行的瘟疫包括：

结核病

据资料介绍，自1882年柯霍发现结核菌以来，迄今因结核死亡的人数已达几亿。世界卫生组织的报告表明，全世界结核病人死亡人数在2014年已增至110万。全球已有几十亿人受到结核病感染，每年感染率为1%。

第三次鼠疫

第三次鼠疫大流行始于19世纪初，它是突然暴发的，至20世纪30年代达到最高峰，总共波及亚洲、欧洲、美洲和非洲的几十个国家，死亡人数达千万人以上。

此次鼠疫传播速度之快、波及地区之广，远远超过前两次大流行。目前，鼠疫在北美、欧洲等地几乎已经绝迹，但在亚洲、非洲一些地区，人鼠共患的状况还时有出现。

流感

甲型 H1N1 病毒

流感是历史上杀人最多的"凶手"。1918年，一场致命的流感席卷全球，造成了几千万人死亡。尽管这场流感在美国被称为"西班牙女士"，但是它似乎首先发源于美国，并有可能是经由猪身传播的。在那一年，近四分之一的美国人得了流感，几十万人死亡，其中几乎一半的死者是健壮的年轻人。

平时的流感虽然没有那么致命，但是在美国也导致了平均每年几万人住院，几万人死亡。作为一种由病毒引起的传染病，流感没有特效药可治，注射流感疫苗可以预防。由于流感病毒极其容易发生变异，每年流行的流感病毒类型不一样，因此必须每年注射疫苗才能发挥作用。

第三次流感期间新旧瘟疫频发，又出现过三次以上流感大流行，即：1957年开始的由甲型流感病毒（H2N2）所致的"亚洲流感"，1968年出现的由甲型流感病毒（H3N2）所致的"香港流感"，以及1977年发生的由甲型流感病毒（H1N1）所致的"俄罗斯流感"。

登革热

登革热是一种古老的疾病，至今已有几百年的历史，是一种由伊蚊传播登革热病毒所致的急性传染病。"登革"一词源于西

班牙语，意为装腔作势，乃为描写
登革热患者由于关节、肌肉疼痛，
行走步态好像装腔作势的样子。20
世纪，登革热在世界范围内发生过
多次大流行，患病人数达数百万之
多。1779 年，印度尼西亚雅加达首
先记述有关节痛和发热的疾病，称
之为关节热。1780 年，美国费城以

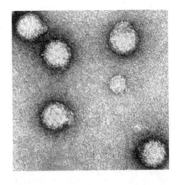

登革热病毒

北亦发生此流行病，以后不断有类似记载。直至 1869 年，此病
才由伦敦皇家内科学院定名为登革热。

西尼罗河病毒

西尼罗河病毒是在 1937 年从乌干达西尼罗河区的一位妇女
身上分离出来的，近年出现在欧洲和北美的温带区域。

专家认为，每 200 个感染"西尼罗河"病毒的人中只有 1 个
可能引发致命疾病，但像老人和慢性病患者等免疫系统较为脆弱
的人，感染后可能引发脑炎直至死亡。

西尼罗河病毒主要由鸟类携带，经蚊子传播给人。感染者会
出现发烧、头疼和肌肉疼痛等类似感冒的症状，有小部分人会患
上脑炎，病情严重者会昏迷甚至死亡。目前，科学家尚未找到行
之有效的治疗方法。

埃博拉病毒

2000 年 10 月 14 日，在乌干达北部的古卢地区突发埃博拉
病，有 51 人被感染，其中 31 人死亡。这是有史以来埃博拉病第
一次在乌干达出现。这种病由埃博拉病毒通过身体接触传染。感
染病毒的人出现高烧，肌肉剧烈疼痛，鼻腔、口腔和肛门出血等
症状，并可能在 24 小时内死亡。据报道，乌干达的邻国苏丹和
刚果（金）曾先后在 20 世纪 70 年代和 1995 年流行过埃博拉病，

不少人因此被夺去了生命。

2014 年，西非发生大规模埃博拉病毒疫情。

艾滋病——当代的瘟疫

艾滋病毒

艾滋病，是种人畜共患疾病，由感染人类免疫缺陷病毒（HIV）引起。HIV 是一种能攻击人体免疫系统的病毒。它把人体免疫系统中最重要的 T4 淋巴组织作为攻击目标，大量破坏 T4 淋巴组织，产生高致命性的内衰竭。这种病毒破坏人的免疫平衡，使人体成为各种疾病的载体。

HIV 本身并不会引发任何疾病，但是当免疫系统被 HIV 破坏后，人体由于抵抗能力过低，会因丧失复制免疫细胞的机会而感染其他的疾病，最终导致各种复合感染而死亡。现在认为艾滋病病毒在人体内的潜伏期，平均是 210 年。在发展成艾滋病病人以前，病人外表看上去正常，可以没有任何症状地生活和工作很多年。

虽然全世界众多医学研究人员付出了巨大的努力，但至今尚未研制出根治艾滋病的特效药物，也没有可用于预防的有效疫苗，故此人们将其称为"超级绝症"。

英国著名物理学家斯蒂芬·霍金警告说：外星人必定存在，但人类应该避免同它们接触。他认为文明的冲突将是不可避免的，外星人很可能仅仅为了资源就袭击地球。霍金这样说道："如果外星人拜访我们，结果就如同哥伦布发现美洲大陆一样，我们的结局不会比美洲印第安人来得更好！"

第九章

真实的梦幻——外星人与 UFO

西方很多科学类杂志均撰文指出："就目前而言，不能排除外星人入侵地球的可能性。"很多人天真地认为，外星人的素质远远高于人类，它们不会无端进攻地球。然而，以人类发展历史来看，21 世纪人类的思想、文化和素质远超过原始时代的人类，但几千年来战争有停止过吗？

到目前为止，人类还远未进入宇宙时代，我们仍然没有探索到外星文明。如果此时有一个外星种族探索到地球文明，那说明它们的文明和科技水准必定远远超过人类。要是它们选择和人类为敌，人类将毫无招架之力。

如果刚好某个实力远在地球之上的外星文明发现地球，并认为地球资源正好是它们所需要的，结果如何可想而知！

他们都说见过外星人

很多人声称自己看见过 UFO，相信的人满怀敬畏，怀疑的人不胜其烦。究竟这些"目击者"是幻想家还是骗子，抑或在谎言与真实之间存在着某些东西？

1. 退役军官：外星人对地球核武器很"感冒"

美国退役军官罗伯特·萨拉斯在冷战时期曾在美国马姆斯特罗姆空军基地服役。这座空军基地位于蒙大拿州，是一处洲际导弹发射基地。2010 年 9 月 27 日，萨拉斯牵头组织了一次特别的新闻发布会，称他曾在 1967 年 3 月 16 日亲历了一起 UFO 光临马姆斯特罗姆基地的事件。

萨拉斯说，那天他正在值班，突然接到卫兵的电话，称天空中突然出现了一些奇怪的光。最初，他并未在意，但几分钟后又接到电话。"这一次他在话筒里尖叫着告诉我，一架散发着亮红色光芒的椭圆形飞行物出现在了军事基地的前门上空，并且一直在盘旋。"

事实上，在此之前的 1966 年，马姆斯特罗姆空军基地就发生过一起 UFO 事件。基地前地质测量师帕特里克·麦克唐纳回忆，当时他们正在一个新建成的导弹发射井边工作，突然一个碟状不明飞行物出现在了 90 米高的上空，他们吓得立即驱车逃离现场。由于匆忙和惊慌，他们的卡车还在颠簸的道路上翻车了。

萨拉斯说，不明飞行物在马姆斯特罗姆空军基地上空出现后，10 枚"民兵"核导弹便出现了故障。一周后，另一个基地也发生了相同的事情。萨拉斯说："不管它们来自哪里，（显然）对我们的导弹非常感兴趣。我个人认为，它们不是来自地球。"

曾驻扎在英国萨福克郡本特沃特斯皇家空军基地的美军副指挥官查尔斯·哈特称自己有过类似经历。本特沃特斯基地曾是美军在英国的少数几个军事基地之一，储存着核武器。哈特回忆了1980年发生的一起UFO事件。当时，一架UFO从空中向该军事基地发射了几束神秘光束，其中一些光束照射在了核武器储存库附近。据称，UFO曾在许多美军核武器基地的上空出现过。只要UFO出现，基地内的核导弹系统就会无法发射。"所有目击事件表明，不明飞行物已经监视我们的核武器很长时间了，有时还搞破坏。"哈特说。

空军退役上校布鲁斯·芬斯特马赫、杰里·尼尔森都表示有过类似的见闻。这些退役军官称，遭遇UFO事件后，他们都接获上级命令，签署保密协议，宣誓"永远保持沉默"。现在之所以集体站出来打破沉默，萨拉斯称，他们只是不想让世人继续被蒙在鼓里。他们同时向美国和英国政府施压，令其正视外星人早已造访地球这一"事实"。

"我们能证明，美国空军在涉及不明航空器造访核基地的国家安全事务上一直在撒谎，"萨拉斯说，"这些故事只是冰山一角。"参加发布会的退役军官表示，120多位退役军人可以证实，外星人曾光临多个美国核武器军事基地，最新的一次可追溯到2003年。

此前，美国军方曾多次表示，冷战时期出现的所谓UFO很可能就是苏联派来的侦察飞行物，但这种说法一直存在很大争议。不过，退役军官们的说法是否可信，还有待进一步证实。

2. 美国航天员：登陆月球时遭遇外星人

美国航天员埃德加·米切尔曾在 1971 年乘坐"阿波罗"14
号飞船登陆月球，成为全世界第六个登上月球的人。2008 年，米
切尔在接受采访时爆出惊人消息：当年他从月球返回"阿波罗"
14 号太空舱时，竟遭遇了外星人！他称，当时有一种被某种东西
注视的奇怪感觉，仿佛自己和宇宙中的智能生命产生了一种心灵
上的接触。米切尔表示："我确实在太空中看到了不明飞行物和
外星人。"

米切尔称，由于在太空遭遇外星人这件事对他产生了巨大的
冲击，自从回到地球后，他就开始研究神秘的超自然现象。离开
美国国家航空航天局（NASA）后，他在加利福尼亚建立了一个
"抽象科学协会"，专门研究各种超自然事件。据他调查，事实
上，1969 年美国"阿波罗"11 号航天员阿姆斯特朗和奥尔德林
踏足月球时，也有过类似的奇遇。

米切尔披露，当时航天员阿姆斯特朗向 NASA 指挥中心报告
说："阁下，那有许多大东西！老天，它们真的非常大！它们正
坐在大陨坑的另一头，它们正在月球上看着我们到来！"没人知
道阿姆斯特朗说的是什么，因为 NASA 已经迅速切换到了安全通
讯频道，防止阿姆斯特朗后来说的话被全世界听到。阿姆斯特朗
的助手在多年后回忆说："三个直径 15 米到 30 米的 UFO 曾逼近
到距他们飞船只有一米远的地方。"

米切尔称，他在 NASA 工作期间接触到了大量绝密的"X 档
案"，从而得知有很多 UFO 曾"拜访"过地球。米切尔称，从 20
世纪 40 年代起，外星人一直在试图与人类进行接触，而美国航

天机构的许多内部人士甚至曾亲眼看到过外星人。米切尔称，真实的外星人和电影里表现的形象基本类似，都是小身材、大眼睛、大脑袋。他表示，NASA 把它们形容为"看上去很奇怪的小东西"。米切尔还认为，人类的科技水平远远不如外星人，如果外星人对地球人充满敌意，人类可能早就不存在了。

3. 专家：其实外星人经常来串门

美国记者弗兰克·斯库利称他有足够证据证明，一架 UFO 在 1948 年 3 月 25 日坠毁在了新墨西哥州的法明顿市附近。斯库利采访了数名据称目睹坠毁 UFO 的美国军方情报人员，根据他们的描述可知，那架坠毁 UFO 的直径足有 100 英尺（1 英尺 = 0.3048 米）。UFO 舱门打开后，调查人员在里面发现了 16 具只有 1 米高的外星生物尸体。斯库利的 UFO 坠毁故事得到了好几名美国军方官员和 NASA 官员的证实。

1965 年 12 月 9 日，美国宾夕法尼亚州凯克斯堡有数百人声称目睹了一起 UFO 坠毁事件。当它坠毁后，当地消防员詹姆斯·罗曼斯基奉命前去灭火，他看到那个神秘的 UFO 颜色像青铜，上面没有任何窗户、门或接缝，但表面刻有类似古埃及文字般的记号。随后，几名美国军人赶到现场，用枪逼走了所有目击者。后来，美国军方的报告称，他们当时只是赶到现场调查一起火灾，并没有发现任何奇怪的东西。

据美国航空现象研究组织专家海克称，1974 年 5 月 17 日，美国新墨西哥州阿尔伯克基市科特兰空军基地的监控设备突然扫描到了一处巨大的电磁能发射场，它的能量非常大，导致空军基地的电磁监控器指针全都瘫痪了。空军调查者根据电磁信号来源，追踪到了新墨西哥州奇里里市附近的一个地区，在那有一个直径60英尺的圆形金属物。当海克获知这一内幕后没多久，一名空军官员就找上了他，命令他必须忘掉他所听到的一切。

4. 那些自称被外星人绑架的凡人

美国有一对夫妻声称遇见了外星人。妻子贝蒂在接受催眠时说："舱内，一个人开始了医疗检查，我的一只袖子被卷了上去，他对我的皮肤拍了照片。某块表皮被轻轻地刮走，头发和指甲的样本也被取走。这个人仔细查看了我的耳朵和牙齿，然后命令我脱掉衣服平躺在桌子上。

"他用一组连接着电线的针慢慢地触我的身体，从头到脚，从上至下。然后要求我翻过来，再重复一遍这样的检查。当我再次平躺下的时候，他拿一根长一点的针接近了我，并声称他将用它插进我的肚脐。我叫喊着，要他不要这样做，但是他根本不听，照扎不误，疼痛十分剧烈。后来另一个人，似乎是个领导，在我面前夺走了那个人手上的针头，并告诉我疼痛将会消失。果然，一会儿就不疼了。

"当我重新穿上衣服的时候，大部分恐惧已经消失了，开始和这位医生聊天。他会说英语，但是有一种口音，我辨别不出是哪里的口音。我向他要一件纪念品以证明自己来过这儿，但被拒绝了。"

丈夫巴尼能够回忆的事情很少，即使是在催眠术下。但是，他记得自己走进过一间可怕的实验室，腹沟被罩上一个像杯子似的东西。当这些结束时，他感到很高兴、很有信心，因为他知道他们并不会伤害自己。

以上这类已知的事件仅仅是"外星人劫持事件"中的一小部分而已。

美国不明飞行物共同组织的人类生命体研究组有一份报告，记载着世界各地著名的劫持事件共 166 起，而这些事件中 10% 与不明飞行物直接有关。

那么，为什么大部分的劫持事件没有被披露出来呢？

主要是由于大多数被劫持的人事后都回忆不起那段不平常的遭遇了。科学家们认为，这些人的健忘症是由于某种形式的洗脑引起的。于是，人们采用医学催眠术来使这些人回忆起"漏洞"时间内所发生的事情，这种方法叫作"时间倒退法"。

在大多数情况下，用这种方法都会获得令人满意的结果。有人总结说：一般地说，被劫持者的智能要比普通人略微强一些。至于那些出现在地球人面前的非地球人的态度，差别很大：有些人态度很好，像是在帮助人；另一些则冷冰冰的，态度冷淡。

那么，这些类人生命体将地球人劫持到不明飞行物上后，为什么要对他们进行各种各样的医学检查呢？对这个问题，有些学者认为，这是外星人研究人类及其环境不可缺少的一部分。

而另一些研究人员推测，在劫持的后面，可能隐藏着更加险恶的阴谋。这些研究人员的论据是：被劫持者被类人生命体抽了血（一般都是抽淋巴液和关节的血），另外，还有一些奇怪的物质被注射进被劫持者的静脉之中。

对几十个自称被外星人绑架的人进行研究之后，哈佛大学的心理学教授苏珊·克兰西指出，这些有关被绑架过程的记忆即便不可信，也是可以理解的，这些人不应该被当成傻瓜和精神病人，他们的经历应该被严肃地对待。

基于与这些自称被外星人绑架过的人的谈话，克兰西博士发现，这些人往往本身就是对超自然现象和外星人感兴趣的人。而且，在寻找事情真相的过程中，他们常常会求助于心理医生，希望用催眠术找出更多那种梦一般经历的细节。

在另一实验中，研究人员发现，回想有关绑架的那段记忆会引起一些生理的变化，例如，血压和汗腺的反应比那些"创伤后压力综合征"患者的还要高。那些记忆造成了强烈的精神创伤，每当这种记忆浮现，就会加深人们对于那些让人印象深刻的事的确定性。

在一个基本的层面上，克兰西博士对被外星人绑架的"虚假记忆"进行了归结：外星人绑架的故事是人们理解为何生活中存在如此多奇怪和让人百思不得其解的现象的一种方式，它们在内心深处给人以安慰——我们在这个宇宙中并不孤独。

5. 古老而神秘的"外星人"记载

其实，不明物体来到地球的事情，古代就有记载。

《拾遗记》是晋朝的志怪名著，专门记载伏羲以来的奇闻逸事，其中关于古史的部分有很多荒唐怪诞的神话，因此《隋唐志》将它列入杂史，《宋史·艺文志》将它列为小说。但神话往往是由历史演变而来的，因此，卷一的"唐尧"中有一段文字引起了人们极大的兴趣。文中说：尧帝在位三十年的时候，一只巨大的船出现在西海，夜晚时船上有光。当时，海边的人们将之称为"贯月槎"，船上有身披白羽会飞的仙人。

以中国古史年代记载，该故事距今4000多年。如果将"贯月槎"视为宇宙飞船，那么我们可以顺理成章地将仙人解释为身穿宇航服的航天员。"贯月槎"后来消失无踪，可能是因为他们完成了考察任务，回到了自己的星球。

《资治通鉴》是宋朝司马光奉诏所撰的编年史书，书中共包含有365则日食记录、63则彗星记录、26则流星陨石记录，以及数十则地震、水灾、旱灾等天灾记录。除此之外，还有17则无法用日月星辰变化规律来解释的天象记录。

佛教壁画中的UFO

如西汉武帝建元二年（前139年），"夏四月，有星如日，夜出"。这个在晚上出现的亮如太阳的物体，绝不会是自然星辰，是一个会发出强光的物体。

西汉成帝建始元年（前32年），"八月，有两月相承，晨见东方"。清晨能在东方出现的物体，绝不会是月亮，更不可能出现两个月亮。它的形状像是互相承托的弯月，显然不是自然星体，倒有些像现代的宇宙飞船。

汉安帝永初二年（108年），"秋七月，太白入北斗"。太白星就是金星，它有一定的运行轨道，绝不会来到北斗七星的位置。唯一可能的是，所

古代壁画中的UFO

谓的太白星是一个发白光、可在星星之间飞行的物体。

东晋干宝的《搜神记》中还记载着一个与"火星人"接触的故事。三国时期的吴国，在一群玩耍的小孩子中出现一个长相怪异的孩子，他身"长四尺余"，身穿青衣，两眼闪着锐利的光芒。孩子们因从来没有见过他，纷纷围上来问长问短。青衣孩子说："我不是地球的人，而是一个火星（当时叫荧惑星）人。看你们玩得开心，所以下来看看你们。三国鼎立的局面不会太长久，将来天下要归司马氏。"孩子们听到这一消息都吓坏了，一个孩子飞快地去报告大人。当大人赶来时，火星人说了声再见，就立即缩身跳到空中。大家抬起头，只见一股白色的气体犹如白布，正疾速地向高空飞去。当时谁也不敢将此事张扬出去。此后过了4年，蜀汉亡。又过了17年，吴国也灭亡了。三国分裂混战的局面结束，司马氏统一了中国。这应了火星人的预言。

宗教与 UFO 的关系

《宋史·五行志》记载，宋乾道六年（1170 年），西安官塘出现了一个鸡首人身的怪物，高约丈余。它大白天从高空中降落下来，在田野上行走。现在看来，这可能是个戴着鸡形头盔的外星人。

宋朝沈括所著的《梦溪笔谈》也记载了不明飞行物的故事。文中说：扬州地区有一个奇怪的大珠，其形状犹如蚌壳，这是典型的飞碟形状，还会放出强烈的光芒。它在当地逗留时间长达十几年，先后停留在三个湖泊中（或许是在搜集地球上的水中生物）。作者还强调许多居民都见过它，以证明该物不是自己凭空想象或捏造出来的。

只要浏览一下世界各个民族的神话传说就不难得出这样的推测：很久很久以前，天外来客就光临过地球，并留下了古老而神秘的传说与遗迹。在古老的史诗和绘画中，都留有疑似外星飞行器及其航天员的真切记载。

北美土生土长的古印第安人讲的故事中，一再提到是空中飞来的"雷鸟人"教他们学会用火和农业种植。他们所说的从空中飞来的雷鸟人，会不会指的就是乘宇宙飞船来的外星人呢？

因纽特人的古老神话中，是长着铜翼的神将他们的祖辈带到北方来的。长着铜翼的神，会不会指的是乘坐铜色发光飞行物的外星人呢？

印加人前期的神话中，记载着每一颗星星上都住着不同的生物，神是从昂宿星座上来的，这种说法又与中国古代传说不谋而合。

《圣经·出埃及记》记载了先知摩西遵照天空中来的耶和华的吩咐，将正在埃及受奴役的以色列人救回中东地区的故事。《出埃及记》第十三章记述道："日间，耶和华在云柱中领他们走路，夜间在火柱中用火光照他们，使他们日夜都可以行走。"有人声称，这可能是从天空中来的"耶和华"一直用 UFO 上发出的光柱照明，引导以色列人逃离埃及。之后，埃及法老打算派人把逃跑的以色列奴隶截回来，当在红海边快要追上以色列人时，耶和华又对摩西说："你吩咐以色列人往前走，然后举手向海伸杖，把水分开，让以色列人下海中走干地。"摩西遵照耶和华的吩咐，向海伸杖。耶和华便用大东风使海水一夜退去，水便分开，海成了干地，水在他们左右成了墙垣。埃及法老的军队、兵马、车辆，也都跟着下海追赶。眼见埃及军队跟进了海底，耶和华又吩咐摩西："你向海伸杖，叫水合并在埃及人和他们的车轮、马兵身上。"摩西照办了，海水果然在埃及人头上复原了，埃及法老的军队和车辆马匹全都淹没了，以色列人得救了。

真正引起人们注意的 UFO 报道始于 1878 年 1 月，美国得克

古画中的 UFO

萨斯州一个农民在田间劳动时，看见空中有一个圆盘状的物体在飞行。当时，飞机还没有问世，这一奇特的现象在报纸上发表后引起了社会的轰动，有 150 多家报纸刊物转载了这条消息，这次报道成为现代不明飞行物报道的最早事例。

不明飞行物在英语中是 Unidentified Flying Object，缩写是UFO。香港和台湾地区有的书把 UFO 三个字母的发音直接用汉字写出，叫作"幽浮"，这使 UFO 带上了神秘的色彩。

1947 年 6 月 24 日，民航机飞行员肯尼斯·阿诺德在美国华盛顿州雷尼尔山谷附近搜寻一架莫名其妙失踪的飞机的时候，突然发现空中有 9 个碟状的闪光飞行物，每个的直径大约有 30 米，像在水面上打漂的碟子。记者在报道中使用了"飞碟"这个词，从此，飞碟和 UFO 一起成为不明飞行物的代名词。

由于事件影响很大，为了查明真相，1950 年 4 月，哥伦比亚广播公司著名记者莫罗又采访了阿诺德。采访中，阿诺德声明："1947 年关于我看见不明飞行物的报道没有正确地引用我的话，各家报纸对我的话夸大其词。我当时说，这些物体在上下波动，就像是漂泊在波涛汹涌的水面上的小船。当我形容它们怎么飞行的时候，我说它们的飞行就像在水面上抛出一个碟子。大多数报纸误解了我，并且错误地引用了我的话，报纸说我说这些物体就像碟子一样。而我是说，它们飞行的样子像碟子。"莫罗在采访报道最后总结说：1947 年的报道是一个历史性的错误。阿诺德先生最初的描述被人们遗忘，却使飞碟成为家喻户晓的词汇。

最早把 UFO 和外星人联系起来的，是美国亚利桑那州的气象学家麦克唐纳和美国西北大学的海克。他们在 20 世纪 60 年代中期提出，有些 UFO 是外星人造访地球所乘坐的宇宙飞船。

地球上早有外星潜伏者吗

也许未曾亲身经历，但我们不得不承认，在这个复杂的世界里，总有些不同寻常的人和事，无法用人们已有的知识来解释。他们有的身世不明，有的身负无法想象的超能力，更有一些我们或许从未见过，却总能感觉他们是在自己身边徘徊着的潜伏者。他们是如此神秘莫测，他们究竟是谁？他们来自何方？他们隐藏在这个世界最隐秘的角落里，到底是为了什么呢？

玛雅文明为何衰退

1983 年，一位英国画家在洪都拉斯丛林中发现了一座城堡的废墟，里面只有灌木丛生的断壁残垣。坍塌的神庙旁的一块块巨大基石，刻满精美的雕饰；石板铺成的马路，标志着它曾经是个车水马龙、川流不息的闹市；路边修砌着排水管，又标志着它曾经是个相当文明的都市。尽管石砌的民宅与贵族的宫殿大多都已倒塌，但我们仍可依稀窥见当年喧杂欢乐的景象。

这个发现被披露之后，举世震惊。一批又一批考古人员来到洪都拉斯，随后他们又把寻幽探胜的足迹，扩大到危地马拉、墨西哥，甚至整个中美洲。

玛雅人

玛雅人，一个神秘的民族终于掀开了面纱。

无数的奇闻逸事随着考察队的到来，纷纷传出：玛雅人的金字塔可与古埃及人的金字塔媲美；墨西哥的巨石人像方阵令人困惑不解；特奥蒂瓦坎的金字塔极其雄伟和精美；玛雅文字非常奇妙，它既有象形，有会意，也有形声，是一种兼有意形和意音功能的文字。

当人们面对着玛雅异常灿烂的古代文明遗址，都会情不自禁地问：这一切是怎么来的？

史学界的材料表明，在这些灿烂的文明诞生以前，玛雅人仍巢居树穴，以渔猎为生，其生活水准近乎原始。没有任何证据表明，南美丛林中这奇迹般的文明存在着渐变或过渡迹象，难道这一切是从天而降的吗？

地面考古没有发现文明前期过渡形态的痕迹，分析在此之前的神话传说，也无线索可言。玛雅文明仿佛是一夜之间发生，又在一夜之间轰轰烈烈地向中美洲扩展。

玛雅遗址 1

最令人吃惊的是，这样一个高度发达的文明又在后期（1250—1520 年）突然消失。大的玛雅文化中心相继被遗弃，政治上解体。

有关玛雅文明衰败的

266

假设层出不穷，比如洪水、地震、飓风等的天灾说；人口膨胀、反复从事焚林耕作，导致土壤贫瘠等的经济问题说；瘟疫、集体中毒等传染病说；外敌入侵、都市间战争、农民叛乱等社会问题及集体自杀说等不胜枚举。尽管种种

玛雅遗址2

假设众说纷纭，却没有一种假设有充足的证据能让人相信。

1952年6月5日，人们在墨西哥高原的玛雅古城帕伦克一处神庙的废墟里，发掘出一块刻有人物和花纹的石板，当时人们仅仅把它当作玛雅古代神话的雕刻。但到了20世纪60年代，人类乘坐宇宙飞船进入太空，照片被送往美国航天中心时，那些航天专家们无不惊叹，帕伦克那块石板上雕刻的非常像航天员驾驶着宇宙飞船。虽然经过了图案化的变形，但宇宙飞船的进气口、排气管、操纵杆、脚踏板、方向舵、天线、软管及各种仪表仍清晰可见。

结合以上种种事实，不少人猜想玛雅文明为"外星人的结晶"，并且有人强调，其最主要的根据是玛雅的"圣年历"。"圣年历"是一种以一年为260日为周期的历法。有人认为拥有高水准天文知识的玛雅人并非故意编造

玛雅遗址3

公转周期毫无根据的"圣年历"，这个历法实际上是玛雅人用来表明自己的故乡——"地球外的行星"上的历法。而玛雅文明之所以衰败，是因为墨西哥高原的印第安人发动战争，欲将玛雅文明占为己有。

外星生物入侵的可能性

要是人类同某个外星种族的差距就如同当年欧洲殖民者和印第安人的差距一样，这个外星种族又把地球当成了"新大陆"，那么人类就将变成当年的印第安人。可叹的是，欧洲殖民者到达美洲时，印第安人都不知道有欧洲的存在，很多印第安人到死都还不知道这些长相奇异的人究竟从哪来的！

1. 外星人"玩转地球"的那些事

美国空军的研究人员声称，UFO 是通过某种受控电磁波来干扰我们的电路的，比如汽车灭火、引擎停转、飞机导航仪及无线电通信受干扰……

"耍弄"航行中的飞机

从各种报告来看，UFO 似乎特别喜欢"耍弄"航行中的飞机。

据称 1965 年 2 月 5 日夜，美国国防部租用飞虎航空公司的一架班机飞越太平洋，向日本运送飞行员和战士。大约在东京时间一点钟，机上雷达测出空中有三个巨大的物体在高速飞行。

起初，飞机驾驶员和雷达员以为仪器出了毛病，因为他们从未见雷达上出现这么大的三个亮点。可是，说时迟那时快，他们上方和左侧方立即出现了一道红光。几秒钟后，机长发现空中有三个巨大的椭圆形物体，以令人吃惊的速度排着紧密的队形向下俯冲，似乎在向自己的飞机直扑而来。机长当机立断，马上转弯回避，那三个飞行物也很快改航，并突然减速，相互紧挨，大体与飞机飞行在同一高度。

据雷达显示，三个飞行物距飞机大约 8000 米，体积看上去大得惊人。对此，飞行员都觉得惊异，更觉得有威胁。机上人员精力高度集中，一个个瞪大眼睛注视着这三个庞大的怪物，生怕有什么事发生。

十分奇怪的是，几分钟过去了，三个不明飞行物似乎不打算靠近飞机，仅仅满足于尾随而已。这时，机长派去观察的一个机组人员带回了一名随机同行的美国军官。机长正准备向日本的冲绳呼叫，希望地面派喷气式战斗机来护航，以防遭受庞大怪物的袭击。可是这名美国军官仔细观察了那三个物体之后，耐心地劝阻机长。他认为即使喷气式战斗机及时赶到也无济于事，如果还招来对方的攻击，后果不堪设想。

又过了几分钟，三个怪物赶了上来，与飞机并肩飞行。这时，飞机里乱成一团，气氛紧张到了快要爆炸的程度。突然，三个飞行物向高空升腾，以 2000 千米/时的速度远离而去，转眼之间消失得无影无踪。

也有人称，1982 年 4 月 13 日早晨，西班牙利阿里群岛的桑塔尼军事基地上空出现了六个盘状物。它们像倒扣的菜碟，上部发光，下部较暗，无声响。不一会儿，一个盘状物腾飞向高空，与另外五个盘状飞行物会合，去拦截一架正在航行的大型运输机。

此时，基地雷达测得六个飞行物反射回波，看见它们摆成"八"字形挡在运输机的前方。指挥中心立即命令一架战斗机紧急升空，试图驱散正编队飞行的不明飞行物。战斗机升空之后，那六个盘状飞行物仍然在拦截，并随运输机的速度或快或慢飞行，一点没有离去的样子。战斗机快靠近运输机时，那六个不明飞行物突然收到一起，好像合成了一个整体，转眼间快速离去，消失得无影无踪。据运输机长说，不明飞行物缠住他的时间起码有 30 分钟，而这些飞行物出现于机场上空直至消逝的时间先后持续达 18 分钟。

1986 年 12 月 7 日黄昏，一架波音 747 货机由巴黎飞往东京。在经过美国阿拉斯加上空时，机长突然发现在飞机左前方偏下的 600 米处闪现两束灯光，并有东西与该货机相同的速度相伴飞行。7 分钟后，不明飞行物突然向飞机靠拢，在距飞机 150 米左右的地方猛然放射出刺眼的强光，顿时照得舱内通亮，与此同时机组人员感到一股热浪逼来。几分钟后，不明飞行物又恢复先前情况，继续在机前导航般飞行。机组人员观察到，不明飞行物像正方形，中间部分黑暗，左右两端各三分之一部分有无数个像喷嘴似的物件，白炽灯似的亮光就从这些喷嘴里射过来。

突然，不明飞行物消失在飞机左前方大约 40 度的地方。大家正暗自庆幸之际，它猛地又在左前方出现了。地面指挥塔此时命令一架正从货机逆向飞来的美国飞机协助侦察该不明飞行物，而就在美、日两架飞机交错而过的刹那，它又失去了踪影。

UFO 有中断电流的本领

还有一种威胁严重地影响了公众的生活，就是大规模的停电事故。多年的研究证明，UFO 似乎还有中断电流的本领。

1965 年 9 月 23 日晚上，墨西哥库尔纳瓦卡市附近上空出现了一个巨大的淡红色圆盘形飞行物。目击者成千上万，其中包括州长埃米利·里瓦·帕拉西。这个不明飞行物掠过市郊村镇时，所有的电灯都暗了下来。接着，圆盘物飞入了市中心上空，整个城市陷入了一片漆黑，持续时间竟达数分钟。后来，飞行物向高空升去，迅速消失，城市才"重见光明"。库尔纳瓦卡市市长瓦伦丁·冈萨雷斯和军区长官拉斐尔·恩里克·维加将军同州长一样，自始至终观察着不明飞行物的全部活动。

类似事件在其他国家也时有发生。在美国，被一些人认为是 UFO 引起的第一次停电事件发生在伊利诺伊州塔马罗阿市。1957 年 11 月 14 日，一个 UFO 出现在塔马罗阿市低空，致使方圆 6 千米内的电路全部中断。11 天后，巴西某地也发生了同样的事件。不过，这一回，人们看到三个 UFO 在空中盘旋。1958 年 8 月 3 日，罗马市的一个街区由于 UFO 从空中掠过发生了严重的停电事故。

令人不安的停电事故在美国重要城市纽约也发生过。同样有人认为与 UFO 有关。1957 年 11 月 9 日，汉考克机场的几位工作人员看到了一个不明飞行物，而刚从飞机上走下来的航空局官员沃尔什则发现，那是一个十分巨大的物体，在缓慢地低空飞行。几分钟后，沃尔什又看到了第二个不明飞行物，同第一个一模一样。

这时，教官韦尔登·罗斯正驾机向机场飞来，当时他还以为是地面的房屋起了火。可是，罗斯和坐在他后面的控制论专家詹姆斯·布鲁金吃惊地发现，那个"通红的火球"竟离开了地面。它直径 30 米左右，能急速飞行，转瞬间便消失在夜空。

当时，机场一片漆黑，罗斯凭着自己的经验安全地着陆了。下了飞机，他立即向指挥塔和沃尔什进行了报告。

据罗斯判断，那个不速之客悬停的位置在克莱配电站上空，该配电站控制着全纽约市的用电。当时正是市民们到郊外去度假的时候，停电事故使 600 列地铁停驶，60000 人被困在漆黑的隧道里。此外，数以千计的人被关在电梯中，市内桥梁和隧道一片混乱，大小汽车你挤我撞，交通事故一个接着一个。

那天晚上，拉瓜迪亚机场勉强飞出了几架飞机，肯尼迪国际机场取消了全部航班，准备在该机场降落的飞机只好改而飞往其他机场。

纽约陷入黑暗的消息立即传到了华盛顿和白宫。当时的美国总统约翰逊马上命令颁布全国处于紧急状态通知。那天晚上，他彻夜未眠，一直守在电话机旁，每 5 分钟便询问一次情况。能源专家们一筹莫展，无法解释这突如其来的、大范围的持续停电现象。他们认为，供电和控制系统是万无一失的，所以这绝不可能是线路上的问题。

后来，困在地铁隧道里的乘客一个个摸黑走出了隧道，各家电台也启动备用发电机，使中断了的广播又响起来。

最苦的是困在电梯中的人：他们有的惊恐万状，发出绝望的号叫；有的砸开电梯的门，艰难地爬入楼内；而大部分人则只好待在电梯里静候了数小时才获得"解放"。事后，纽约市的救护车统统出动，医院急诊室里被挤得水泄不通，就连疯人院里的床位都被抢订一空。当时有人认为是敌人发动了闪电战，也有人认为是天外来客入侵了地球。11 月 15 日上午，纽约《美国人杂志》就锡拉丘兹《先驱报》的文章发表长篇评述指出，事件是 UFO 造成的。此后有人认为，外星人派来的 UFO 截断了该城镇的电流。

被认为是 UFO 出现的物理作用的还有汽车引擎被停止，并伴有前灯莫名其妙地变暗。当 UFO 消失后，所谓的汽车故障也随之消失，没遗留下任何可供调查的东西。

2. UFO 监视地球的三种假设

地球在茫茫宇宙中就像沙粒一般渺小。但是，这样一个小的球体竟能引起 UFO 如此浓厚的兴趣，世界飞碟学者们在纳闷之余，对此提出了种种推测和假设。

美国著名 UFO 学家基荷少校认为，UFO 的出现不是凶兆。他列举美国军界负责人提供的理由说，UFO 监视地球，不会向地球人发动进攻，原因是：

第一，UFO 对地球进行过广泛的监视，但并未公开表示过恶意，这说明天外来客有一个更为庞大的计划，他们需要同地球人友好接触，在此之前，人类必须有一个较长的适应阶段。

第二，地球周围出现的 UFO 数量不多，尚不足以大举入侵地球，大部分 UFO 仅仅是观测飞行器，它们的航速很容易甩开追捕它们的喷气式飞机。

第三，地球人并非赤手空拳，我们有为数众多的导弹，可以追击高空的宇宙飞船。

如果外星人真的存在，那么可以想象这些智慧生物对我们可能持三种态度，我们可以相应地确定对他们采取什么态度，并且决定应对方式。

第一种态度是抱有关心、相互可以理解的态度。换句话说，即外星人关心我们，对我们有好感，这是最理想不过的一种态度。外星人可以向我们提供相当尖端、相当贵重的科学、技术、艺术及其他各类情报，提醒我们不要走弯路。例如它会让我们注意将来的某种科学的发展方向，提醒我们千万不要做导致恶化环境、灭绝人类的事情。不过，虽然这种态度十分理想，但有一定的局限性。毕竟，我们不知道能从他人的失败中吸取多大教训。

第二种态度是外星人理解我们，但不表示关心。换句话说，他们对我们怀有好意，却不帮助我们什么。尽管这种态度令人不快，但可能性很大。如果外星人的文明远远超过了我们，恐怕他们将会用怀疑的目光观察我们。

第三种态度是表示关心，但不理解我们的心情。也就是说，他们之所以对我们感兴趣，只不过是出于实用的观点，比如他们想尝尝地球上的美味佳肴。当然，还有一种，也就是既不感兴趣又不理解的态度。不过，这种可能性很小，因为如果真这样，几千年来，外星人就不会频频光临地球了。

如果地球外的文明天体的技术水平足以发现我们的话，我们再躲藏也没有用。高度发达的地外文明只要下决心和地球人接触，地球人躲也躲不过去。不如因势利导，从他们那儿学习更多必需的、重要的知识。通过他们，地球人才能知道自身进步发展的道路还十分漫长遥远。

我们果真能达到和外星人相互理解的地步吗？就地球人目前的状态，能够相互理解是十分困难的，因为彼此有着诸如社会、人种、年龄的大大小小的障碍。尽管这样，人类还是越来越求大同，寻求和平与相互理解。如果人类和其他外星文明相遇，一定要先意识到自己在宇宙中的地位。

3. 联合国关于 UFO 的讨论——地球由全体人类共有

2011 年 4 月，美国联邦调查局（FBI）成立了新的在线数据库，名为"穹顶"，并公布了超过 2000 份的解密档案，包括从未曝光的玛丽莲·梦露档案及"九一一"劫机犯的详细作案调查等文件。其中一份小小备忘录也被媒体挖掘出来，放大成为现在比较受关注的一则新闻，那是一个有关外星人曾经降落在美国新墨西哥州的最新证据。

这是一份1950年3月22日发给FBI华盛顿地区土管霍特尔的简短记录，一位美国空军的调查员声称："当时在美国新墨西哥州有目击者发现了三架UFO。这些UFO是圆形结构，中间隆起，直径大约是15米，每架UFO中有三个仅仅1米高的外星人，它们身穿细密结构的金属衣，穿着方式类似于试飞员。"

但这些记录在美国FBI现在解密出来的档案里也仅仅是以文字的形式存在，我们并没有进一步地看到图片或者是调查。而根据美国FBI的记录，收到这份报告以后，他们也没有进行进一步的跟踪调查。

虽然不能断定这就是外星人曾经到访地球的证据，但是，美国的一些部门曾经关注过UFO、外星人问题是毋庸置疑的。

虽然，确定UFO到访是否是事实还需要大量的证据。但美国公开的档案应该作为我们思考问题的资料，为我们提供了全新的方向。显然，人类对于地外生命的探索一直在进行，好奇心和求知欲已成为左右科研结果的理由。事实上，来自外太空的不明飞行物体访问地球的事件，曾在联合国会议中被提出讨论过。

1971年11月8日，乌干达驻联合国大使曾发表演讲："不久的将来，人类将可自由进出外太空，亦即将会与外星人有所接触，事情搞得不好的话也许会造成全面性战争。这并非仅是一个大国单独的问题，而是全体人类共同的问题。现在许多国家的政府均否认有UFO出现，但是，美、英、苏及其他国家中有许多科学家正担心UFO是来自其他星球的宇宙飞船。UFO应该在联合国会议中提出讨论，并列为重要问题。"

1976年10月7日，在第31届联合国大会中，某国的首相说："地球是全体人类所共有，与其有关的知识理应让全人类知道。但是，某一国家把 UFO 存在之证据掩藏在其情报保存中心，某国更把 UFO 当作军事上的机密资料处理。事实上 UFO 是我们地球人与外星人生命相关的大问题，人类有权知道这项可怕的情报，并早作心理准备。"此处所提到的某国是指美国。美国政府机构隐藏 UFO 情报的事情已逐渐为世人知晓了。

1966 年 2 月，联合国进行了首次"联合国 UFO 研究计划"，讨论了以下问题：

第一，UFO 在全球的活动记录，处理各国间的合作、协调问题。

第二，即刻停止敌对举动，以避免任何星际战争。

第三，面对 UFO 问题，必须有正式接触机构，且经政府同意许可而设立。

联合国还曾多次讨论 UFO 问题。1987 年，时任美国总统里根曾在第 42 届联合国大会上指出，地球人类应该打破自私与地域观念，共同讨论如何面对来自外太空的威胁。

美国政府在二战期间就开始注意 UFO 问题，在战后也曾成立特别机构进行 UFO 现象资料的收集与研究，而美国中央情报局在这一方面则扮演掩盖真相的角色。

美国与苏联政府曾多次共同讨论联手对付入侵地球的外星人问题。有人说，早在 1971 年，美苏两国就已签了一份合作对付外星人的合约。20 世纪 70 年代以后，两国时常密谈此问题的细节。

反外星人入侵预案——"五日自救"白皮书

无数人在思考外星生物入侵的可能性，外星生物入侵可能已经被视为一种潜在的外来威胁。如果有一天，外星人踏上我们的土地，地球人准备好了吗？

对于普通人而言，我们是被蒙在鼓里的那一方。我们一直处在某处目击到不明飞行物的消息和关于不明飞行物身份"只是普通气象气球、军方飞机，或者干脆就是大气现象"等交相混淆视听的境况之下。有关 UFO 或外星人的新闻被放在"奇闻"栏里，第三类接触的经历被当作"灵异"故事来讲。

在应对灾难的紧急措施中，我们学过遇到地震、海啸、龙卷风、战争等应该怎么办。外星生物入侵这种搞怪无厘头的课题，正因为一无所知，所以才需要更加认真地对待。

美国麻省理工学院教授雷纳尔·斯塔尔伯格出过一本正儿八经的《自救书》，告诉你一旦外星人入侵，应当这样做：

首先必须要十分清楚的是，既然我们尚未亲眼见过任何的外星人，就只能假定他们是从某个星球来的疯狂的不速之客。我们该如何迎接外星人？格外小心是一定的。到时候即使你什么都不做也可能惹祸上身，毕竟我们和外星人沟通不畅。而沟通正是和平的前提。

我们的自救程序分 5 天进行。

1. 第一天：使用应对其他灾难的应急物资

鉴于我们目前的探测技术，外星飞船只会在十分接近地球的时候才被发现。政府或许会第一时间通过新闻传播，或许不会。一旦外星生物进入大气层，将会有不少人目击他们。

他们很可能在这一天摧毁地球的通信系统，使我们的卫星无法运转，同时控制所有的大气层飞行，使用陨石或其他宇宙垃圾攻击地球。在这一天中，我们不要产生过激反应，毕竟该来的还是要来的。思考外星人为什么这样做将成为我们要明白的主要问题。

这时应该使用应对其他灾难的应急物资。

如果听到大批 UFO 入侵的传言，并且来源不止一个人，别轻下定论，认为他们是疯子。

2. 第二天：离开大城市，避免坐飞机

外星人真的来了！他们是旅行者、难民、占领者、抢劫者、不动产投资者，还是别的什么？如果此时什么事情都还没有发生，他们也许只是在召开行动前的紧急会议。无论外星人在何处着陆，那个国家的政府都会尝试和他们联系。如果与外星人达成一项交易，这个国家会作为地球上唯一的势力留下来。如果没有，这个国家将像水一样蒸发掉。

地球人将结成前所未有的统一战线。

这时你应该：

第一，离开大城市；

第二，避免飞机旅行；

第三，坚持通信监听以了解地球其他地方正在发生的事情。

3. 第三天：在了解更多真相之前，保持安静

外星人着陆的地区将被隔离，其中的居民将被疏散，安全隔离线将受到严密控制。如果有人向外星人挑拨离间，那个国家将陷入噩梦当中。有关外星人生理外观、行为举止的谣言将会成为人们唯一的话题。

地球人陷入充满好奇又忐忑不安的恐惧之中。

这时应该：

第一，如果外星人在你居住的地区着陆，应当遵从命令疏散。

第二，如果外星人不在你居住的地区着陆，也应当尽可能遵从命令，毕竟此时地球任何一个角落都不是安全的。

第三，减少任何可从空中观察到的活动。在了解更多真相之前，请保持安静。

4. 第四天：密切关注新闻，不必匆忙下结论

地球人和外星人直接接触了！外星人的情况将会通过新闻广泛传播，他们也许和科幻小说中完全不一样，也许和我们非常相似，也许和我们完全不一样。但可以肯定的是，他们的思维和我们的一定不同，因为他们的思维是在与我们完全不同的星系中形成的，地球上的很多禁忌对于他们可能非常陌生。

这时应该：

第一，密切关注新闻。

第二，外星人是异类，但不应匆忙下结论，不要只是因为不喜欢蜘蛛，就认定蜘蛛是邪恶的。

5. 第五天：可能的两种情况

经过第四天的接触，可能发生两种情况。

第一：外星人非常友好，我们的文明将大部分土崩瓦解。为什么？看看阿兹特克人用木剑对付科尔特斯、印加人反抗皮萨罗的历史吧。

第二：外星人想要入侵并占领地球，态度十分坚决。此时，我们只能选择战斗。

这时应该：

如果热爱地球，那就参加战争。

番外：联系外星人用什么语言

现代天文学确证，地球人的出现是宇宙演变的结果。由于自然法则在宇宙中具有普遍性，所以地球人诞生的因素也会出现在苍茫宇宙的某处。因此，不少科学家坚信：宇宙中存在外星人。

半个世纪以来，地球人除了采取被动的方法监听外星人发送的信号外，还通过各种方式主动联系他们。

如何联系他们？科学界主流认为，人类必须与外星人进行宇宙交际。要进行这一活动，首先遇到的无疑是语言问题。

加拿大天文学家达蒂尔和杜马斯就设计出一种数学语言，并分别于1999年和2003年发送到太空。2009年8月，澳大利亚国家科学周推出一项名为"来自地球的问候"的活动，以向外星人发送短信。活动结束时已有澳、美、中等近 200 个国家和地区的 25878 人写下短信。这些短信转换成数学语言后发往距地球约 20.3 光年的类地行星葛利斯 581D。

也有科学家认为，人类可以用图像语言作为宇宙交际的共同语言。图像语言利用数字二元论为代码，把一幅图像分割成许许多多的小方格，颜色较浅的方格用 "0" 表示，颜色较深的用 "1" 表示。这样，我们就可以把一幅图像变成数字信号，用无线电波发射出去。当外星人接到这个信号后，用白色方块代替信号 "0"，用黑色方块代替信号 "1"，就可以把内容转变为图像，并根据图像知道其含义。

1974 年 11 月 16 日，美国天文学家德雷克等人利用全球最大的波多黎各阿雷西博射电望远镜（直径达 305 米），将他们自行设计的图像语言信息发往距地球 24000 光年的武仙座球状星团 M13，该星团约有 100 万颗像太阳那样的恒星。这份 "电讯" 由 1679 个二进制码 0 和 1 组成，内容包括化学分子的原子数量、地球人的体形、太阳系的构成。

还有科学家认为，音乐语言可作为宇宙交际的共同语言。如俄罗斯心理学家和天文学家列菲弗尔就认为，音乐语言是全宇宙的统一语言。当两种文明在技术上和智力上处于不同发展阶段，没有交换知识的基础时，可用相同的情感共鸣来交流，而交流情感的一种方式就是传递音乐信息。

2001 年 3 月，在乌克兰叶夫帕托里亚天文台举行了人类有史以来第一场献给外星听众的音乐会，音乐会上演奏的都是一些经典音乐作品。演奏的音乐作品由该台的射电望远镜发往围绕大熊星座中 47Uma 恒星旋转的一颗行星。该行星距离地球 42.4 光年，有着与地球类似的 "温室" 环境，所以科学家们认为该行星上很可能存在外星人。

为了联系外星人，地球人不但用无线电波向外星人发送语言信息，而且还使用"瓶中信"的方法向外星人发送实物信息。例如，1972 年至 1977 年，美国先后发射了"先驱者"10 号、"先驱者"11 号、"旅行者"1 号和"旅行者"2 号四艘宇宙飞船到太空，每艘飞船都带有实物信息。其中"先驱者"11 号飞船上都安装有一个金属板，它可谓是地球人送给外星人的"名片"。金属板的左侧刻有太阳系的图案，右侧刻有一个男人和一个女人的图像，其中男人在招手致意，图像下方刻有太阳及太阳系九大行星（当时冥王星仍被视为九大行星之一）的编码。在两艘"旅行者"号飞船上各自装有送给外星人的"邮包"：一个圆形铝盒，里面放着一张镀金视听光盘，光盘上收录了 116 张图片，介绍了地球文明最重要的一些资料，并录有地球人用 55 种语言向外星人发出的简短问候。科学家们相信，一旦外星人截获了这些实物信息，凭着他们的智慧就可以把其含义破译为自己的语言信息，从而了解地球人的用意。

值得一提的是，有人认为地球人与外星人联系的行为可能会使地球陷入遭受外星人攻击的危险之中，但大多数科学家都认为这种担心是完全没有必要的。只要是高级智能生命，他们的理智决定着他们必须有分寸地对待一切宇宙智能生命体，所以外星人与地球人在将来是能够和谐共处、共同发展的。

尽管任何一场核战争、一颗小行星撞地球甚至全球气候变暖都可能对地球造成难以想象的大灾难，然而，摧毁人类的最大威胁也许并不是这些东西，而是人工智能机器。一些专家预言，人工智能机器可能会在未来发动"政变"，接管地球，人类可能将再次住回洞穴中。

机器人可能接管世界吗

曾几何时，有人信誓旦旦地说：到2011年，人人都能用上智能机器管家。虽然这个愿望至今仍未实现，但筑梦之路已经走了很远，我们离梦想成真的距离并不像想象的那么远。

现在，机器人技术已经有了长足进步。很多人之前对机器人还不屑一顾，现在却开始担心总有一天，机器人会像电影《终结者》里描述的那样：妄图奴役人类，称霸地球。

机器人

不过到了今天，这些让我们担心的事情根本没有发生，机器人还是忠心耿耿地为人类服务，为我们生产产品，替我们打扫房间。

然而，俗话说："小心行得万年船。"我们还是一起来看看，随着时间的推移，机器人是不是会在未来真正接管人类的工作，它们有没有可能产生什么非分之想。

机器人的征途

20多年来，机器人从工业领域迅速地普及开来：它可以像牧羊犬一样放羊，可以像农夫一样采摘水果，可以像护士一样照顾病人，可以像战士一样献身沙场，可以像海豚一样探测海底的奥妙，可以像卫星一样遨游太空……

控制论领域的知名专家、英国教授凯文·渥维克在《机器的征途》一书中描写了机器人对未来社会的影响。他认为，在50年内，机器人将拥有高于人类的智能。此推测从何而来不得而知，不过计算机技术的迅猛发展的确使机器人变得更加聪明。

事实也已证明，在人工智能技术不断进步的今天，机器人的发展情况超出了很多人的想象。它们可以听，可以看，可以思想，也拥有性别。

1. 家庭的职业管家——走进普通人生活的机器人

对于很多过惯了现代都市生活的人来说，拥有一个勤劳的家庭机器人太惬意了：住处永远一尘不染，拥有更多的闲暇时间，可尽情体会当主人的感觉，不会被干涉和打扰。

也许，就连最早发明工业机器人的美国科学家德沃也不相信，最开始只能重复简单动作的机器人，有朝一日会走进家庭，担当保姆和管家的职责。

在 2011 年 4 月举行的台交会上，一台代号为 RC3000 的吸尘器机器人让人眼前一亮。只要按一下按钮，它就会打扫灰尘、倒垃圾，遇障碍时能随机改变角度，在自认为脏的地方来回清扫，连自身的充电都不用主人操心。

管家机器人

早在 20 世纪 80 年代，世界就开始了家庭服务机器人的研发工作。瑞典伊莱克斯（Electrolux）、美国（iRobot）、英国戴森（Dyson）、日本松下等公司都非常看好机器人管家的发展前景。浙江大学的科技人员在经过 8 年的研究之后，在 2011 年 1 月也推出了具有完全自主知识产权的吸尘机器人。一位研究人员说："现在是向智能化家用机器人时代进军的黄金时期。韩国和日本等国都预计 10 到 15 年之后，智能机器人会进入部分家庭。我们也在向'让更多的机器人为家庭生活服务'的目标努力。"

世界首位机器人家庭主妇"瓦列丽"

"亲爱的，为我煮杯咖啡，再把碗洗了，然后铺床。哦，对了，别忘了把桌上的报纸收掉。"

"好的，现在就去做吗？"

现在的"吸尘器机器人"在"机器人管家"的队伍里只是非常初级的一种。这种不但能听懂主人对话，还懂得提问的机器人才称得上是称职的家庭主妇。这位名叫瓦列丽（Valerie）的机器人是一位漂亮的得克萨斯小姐，有世界首位"机器人家庭主妇"

的称号。尽管要把它看作一名活生
生的女人还有一定难度，但它衣服
底下由硅树脂和塑胶做成的皮肤、
微卷的披肩秀发、说话时一张一合
的红唇、顾盼生情的眸子（内置摄
像机），就足以让人浮想联翩。

瓦列丽能记住每天要做的所有
家务事：整理房间、擦洗桌椅、开
关灯具、清洗衣物、收集并整理零
散物品、洗锅抹灶等，并且能有条

世界首位家庭主妇机器人

不紊地做好。瓦列丽还拥有一个因特网接口，能够在网上为主人
购买机票、帮主人收集各种网络信息等。她还能够在危机情况下
呼叫警察。可以想象，有外表、言谈几乎与真人没有什么区别的
瓦列丽伺候，你的生活是多么的惬意，她听你随意召唤，且不会
外泄隐私。

多才多艺的"牛若丸"

可以同瓦列丽的"勤劳和智慧"相媲美的，当数日本的"牛
若丸"。自 2005 年圣诞前夕 100 个"牛若丸"走进日本普通家庭
以来，它已成为家喻户晓的人物。

2005 年，"牛若丸"的身价达 158 万日元，但它的能力与身
价成正比。"牛若丸"是日本源氏家族的武将源义经的乳名，源
义经是镰仓幕府时期赫赫有名的武将，打着英雄旗号的"牛若
丸"同样不同凡响。"牛若丸"娇小可爱，只有 1 米高，重 30 千
克，相当于一个六七岁的孩子。它的眼睛和嘴巴不能动，表情却
很有感染力，两条短得成了两个点的眉毛令其充满了民族魅力。

"牛若丸"能用人的声音同人交流，还可以辨认出 10 个人的脸孔。如果它认识你，便会很友好地跟你打招呼，开心地向你招手。有时即便你不理它，它也会自己凑上来"没话找话"。用户石原先生显然已经把它当作家庭中的一员来看待了："它增进了我们家人间的交流。我和妻子总在谈论它：它刚刚做了什么，我们希望它将来做什么……当它不在身边时，我们都感到有些失落。它就像我们的孩子。"

当然，要成为一个合格的家庭机器人，只靠外表是不行的。"牛若丸"可谓文武双全。论"武"，它能当家庭保安，一旦检测到家中有异常情况，就能连通网络与外界取得联系，并将住宅内的情形通过图片形式发送到手机或个人电脑上。谈"文"，它身兼保姆和秘书两职，能叫主人起床、提醒主人当日的日程安排、转达电话留言、播报天气预报。拥有这样一个"管家"，你再也不必担心自己会忘了爱人的生日或其他重要的约会了。

千姿百态的"小家伙们"

除了上面提到的两位巾帼英雄，在"机器人管家"这个大家庭中还有很多具有独门秘籍的佼佼者。

"蟠龙"长着恐龙的外表，一副凶神恶煞的样子足以吓哭小孩子。装有红外线、声音、温度和气味等感应器的"蟠龙"，职责是看家护院，它每分钟可以走 15 米。

由于当前参加老龄人群护理工作的年轻人数量越来越少，"保罗"作为一只机器狗，如今已经成为众多老人心目中的家庭一员，一些护士甚至发现老人把这些小家伙怜爱地放在自己的毯子下边，更有趣的是，有些老人还用自己的蛋糕和饼干去喂它们。有了"保罗"的陪伴，老人们都感觉非常舒适，孤独感也减轻了许多。

韩国的家用机器人"iRobi"显然要比"蟠龙"可爱得多，

它会唱歌，会跳舞，甚至可以教几岁的小孩子学习英文和韩文。可以讲童话故事这一点尤其有吸引力，孩子们再也不会在父母忙碌的时候吵着要听故事了。只能转着走路的"iRobi"有自己独到的本领，如出门在外的妈妈可以借助机器人的"电子眼"——一部摄像机来观察家中的一切，并通过内置监控器向孩子们发送图像信息。目前，很多韩国家庭都把这个小家伙请进了家。

智能化家用机器人

日本专家认为，机器人产业已从原来的"产业机器人"时代步入"智能化家用机器人"时代。而韩国政府早在几年前就决定了韩国机器人技术的发展方向：服务型机器人。

喷涂机器人

很多国家都开始进入老龄化社会。中国一些地区目前是以五个人工作来供养一个老人，这个比例将变为以三个人工作养活一个老人，而日本的比例将会达到二比一。不少专家认为，机器人将撑起老龄化社会。

联合国欧洲经济委员会（UNECE）的一份报告显示，截至2003年底，全球共有60.7万台家用机器人投入使用，其中2/3购买于2003年。在这些家用机器人中，3.7万台是除草机器人，57万台是真空吸尘机器人。国际机器人联合会（IFR）预测，20152018年，全球投入使用的家用机器人将高达2590万台。虽然此时吸尘机器人仍是主流，但擦窗机器人和水池清理机器人的销量也已大幅上升。此外，在全世界家庭中还出现了大量像索尼机器狗"Aibo"那样的供人娱乐的宠物机器人。一些官员和学者甚至预测：未来每个家庭都将有一台机器人。韩国政府甚至信誓旦旦地宣称，要建立一个以机器人为中心的智能社会。

韩国计划在 2020 年实现全国家家户户都有服务型机器人的目标。为了推动这一计划，韩国政府已经集合了 30 多家高科技企业，以及 1000 多名来自大学和研究所的科学家共同参与。

也许在不久的将来，我们大多数家庭真的会拥有一个智能机器人，就像现在大多数家庭都拥有微波炉一样。

其实，根据工程师对机器人所下的定义，数码摄像机、微波炉也可以称为简单的机器人，因为它们装有传感器和微处理器，并且拥有潜在的人工智能，能够在无人操作的情况下完成一些重复的动作。此外，吸尘器、剪草机和洗碗机等都应属于机器人的范畴，只不过制造

自动焊接机器人

商没有给它们一副"人"的外形而已。在如今的日本、韩国、欧洲和美国，人们正在逐渐依靠机器人系统来做那些重复而琐碎的事情，比如吸尘、修理草坪、看家和驾驶汽车。

伦巴（Roomba）作为一款自动真空吸尘器，适中的价格使它在 2003 年一出江湖就大出风头，一年之内有超过 20 万的消费者疯狂抢购，给 iRobot 公司带来了数百万美元的回报。

从整体上看，当前国际市场上吸尘机器人最高的身价是每台3000 多美元，而最畅销的一款仅售 200 美元左右。"这类服务型机器人的系统成本目前仅为 100 美元左右，市场上的吸尘器也要

每台 1000 多元人民币。相比之下，请一个像 RC3000、伦巴这样任劳任怨的勤务员回家岂不是更好?"一位研究人员说。

当然，并不是所有的机器人都像伦巴一样便宜，日本的一种可以看家的机器人售价要 2600 美元。一般能唱会跳的机器人成本大约在 1000 美元至 5000 美元之间。陪护型机器人的价格一般在 8000 美元到 2 万美元之间，"牛若丸"的售价为 1.43 万美元。

这样看来，机器人走进普通人的生活似乎还有一定的距离。

2．机器人"三百六十行"——梦想的成真

未来的机器人将取代众多传统行业的工人，承担更多的高危险工作，它们会在那些我们无法进入或十分危险的环境里，如外层空间、海底、深矿，以及充满可燃气体和正在燃烧的建筑等地，发挥如人眼和人手一样灵敏的作用。

不知疲倦的"铁领工人"

高速拳头机器人

"没想到我们竟能用一年的时间完成两年的工作量，客户还特别满意我们的产品，现在未来三年内的订单都下满了。"富士山脚下的一位工厂经理自豪地说。在这个工厂里，不论白天黑夜，生产从不间断。虽然工厂只有 100 个人，但却可以完成 1000 个人才能完成的工作。工人们 24 小时超负荷劳动，却从来没有埋怨，因为它们都是机器人，而工人们只是做

一些管理和监测工作。

就像发明机器人的初衷一样，人们希望有一天机器人可以帮助自己脱离那些单调危险的生产线。现在，工业机器人已经是发展最成熟、应用最广泛的一类机器人。

在机器人中，有90%是工业机器人。在枯燥、危险、有毒、有害的工作环境中，到处可以看到工业机器人的身影，这使它们获得了"铁领工人"的美誉。

赴汤蹈火的烈火英雄

十层高的大楼渐渐被大火包围，热浪不断涌来，一位女士在火场旁边哭得死去活来："救救我的孩子!"就在这时，一个被熏得黑黑的机器人从大楼里冲了出来，"臂弯"中夹着一个三四岁的小孩。

如上文所示，火灾现场的恶劣环境给消防队员们带来极大的困难。不过，消防机器人可以在火场冲锋陷阵，把消防队员从恶劣的工作环境中解脱出来。在美国世贸大楼的营救行动中，这种机器人就显示了不一般的力量。2004年，武汉汽轮发动机厂发生大火，大量油桶和氧气瓶随时都可能爆炸，消防官兵动用了消防机器人进行救火，大大降低了人员伤亡。

消防机器人可以在充满有毒气体和易燃易爆气体的环境中安全可靠地工作，还可以在高温和强辐射的环境中较长时间地工作。

此外，威斯汀豪斯电气公司还研制出一种"罗莎"型核工业机器人。它能快速爬入核电站内部和反应堆的连接管道内，在一小时内查明损坏情况，并把损坏的管道焊接好，每次维修至少能节省50万美元。同时，它可以装料、处理废料、处理核电站事故。这种维修机器人，可完全把人类从核辐射的危险作业中解放出来。

冲锋陷阵的铁血战士

前进、不断地射击！面对敌人的火力，"士兵们"毫不在意，不一会儿，敌方火力点就被顺利摧毁。

能像科幻电影中所展示的那样，将机器人直接用于战争一直是军方的梦想。2005 年 3 月，美国福斯特·米勒公司研制的"魔爪"机器人使他们梦想成真。在伊拉克战场，美国陆军首次部署了 18 个遥控的"魔爪"系列机器人。它们携带有威力强大的自动武器，每分钟能发射 1000 发子弹，是美国军队历史上第一批参加"肉搏"战的机器人。"魔爪"身高 0.9 米，配备有 M249型 5.56 毫米机枪或 M240 型 7.62 毫米机枪，外加 M16 系列突击步枪与 M202 - A 型火箭弹发射器，此外，它还拥有夜视镜、变焦设备等光学侦察设备。

面对子弹和炸弹，人类的肉体不堪一击，特别是在执行一些高危险特殊任务，如扫雷、拆除炸弹的时候。因此，扫雷机器人甫一问世便声名鹊起。德国的 Minebreak - er2000 机器人扫雷车，在 6 小时内的扫雷面积是 30 个有经验工兵扫雷面积的 15 ~ 20 倍。该扫雷车能通过自身携带的重型碳化钨齿，把地表的植被清除，割断地雷的引爆索，然后挖出并摧毁埋在地下的弹药。在战场上，这些扫雷机器人更是冲在前面，为部队开路，大大减少了地雷带给部队士兵的伤亡。

深海中的潜水机器人

深海压力对潜水员来说非常危险，而现在，能遥控的水下机器人可以替人类做许多水下工作。2003 年 4 月，《泰坦尼克号》的导演卡梅隆在蛰伏多年后终于推出了他的电影新作《海底幽灵》，其主角依旧还是"泰坦尼克"号。此作品的成功，潜水机器人功不可没。

拍完《泰坦尼克号》后，经过几年的准备，卡梅隆和剧组人员乘两艘微型潜水艇到了2万英尺的海底，然后派遣出水下机器人拍摄。这是卡梅隆的弟弟麦克耗时三年的心血之作，该机器人的总成本达125万美元。依靠它们自带的无孔不入的光纤镜头，观众才得以在几十年后第一次深入"泰坦尼克号"残骸内部一探究竟。

据了解，日本为了能够探测出更多的海底能源，计划发明一种能在地球最深处工作的机器人。如果梦想成真，大洋海底对人类将不再是一个谜。

妙手仁心的医学专家

为了让因患严重肾病、生命垂危的59岁男友雷蒙德·杰克逊重获新生，55岁的英国女子保利娜·佩恩决定捐出自己的一个肾脏，而在手术台上为保利娜"主刀"的是一台名叫"修女玛丽"的"达·芬奇"型手术机器人。

"修女玛丽"将两根铅笔般粗细的黑色机械臂伸进保利娜腰部两个直径为8毫米的创口，娴熟地完成着剪、切、镊等一系列通常只有高级外科医生才能完成的高难度动作。虽然与人体的手指和手腕相比，机械臂的动作还略显迟缓和笨拙，可是没有一丝一毫的颤抖。

由日本东芝公司研制的新一款医用机器人，有着"巧手"的称号。它含3个伺服马达并配有内镜，医生可以一边通过内镜观察患部，一边操纵机器人工作。这种医用机器人将使体内手术变得更为简便安全，患者的痛苦也将大大减轻。

现在，机器人在医疗方面的应用越来越多，比如用机器人置换髋骨，做胸部手术、脑部手术等。眼球、神经、血管都很精细，这些方面的手术就更需要机器人的帮助。从世界机器人的发展来看，用机器人辅助外科手术将成为一种必然趋势。

能歌善舞的娱乐先锋

现在很多国家的大型娱乐中心如迪斯尼，为了增加趣味性、吸引游客，纷纷开发引进各类机器人。有的机器人能够说话、唱歌和表演，有的甚至还可以弹钢琴、拉小提琴。

在日本举行的博览会上，丰田公司还推出了由 8 个机器人组成的乐队，其中有一个 DJ（音响调音师）机器人。利用胸腔的鼓动，小号机器人感情丰富地吹奏《遥望夜空的星星》。之后，机器人乐团共同演奏《圣者进行曲》，舞台上主持人还与 DJ 机器人进行对谈，整个表演持续了 10 分钟。

3. 机器人全球争霸赛——高端而神秘的领域

机器人是一个高端而神秘的领域，为了能在其中拥有立足之地，在经过了原子时代的风云之后，科技大国们又开始了诸侯争霸的鏖战。

美国：机器人的诞生地

美国是机器人的诞生地，早在 1959 年美国就研制出世界上第一台工业机器人，比起号称"机器人王国"的日本起步要早五六年。经过几十年的发展，美国现已成为世界机器人强国之一，机器人使用数量居世界首位。现在，美国已把机器人技术应用到军事和太空领域。

1997 年 5 月，美国 IBM 公司的"深蓝"超级计算机首次击败国际象棋男子世界冠军卡斯帕罗夫，这场"人机大战"预言了新一轮的"智能时代"的到来。

从 2000 年 5 月起，美国国防部开始研制"未来战斗系统"，准备把机器人应用到战场。"帕克博特"拆弹机器人被部署在阿富汗的群山里，每天都在公路旁或公路上探测"基地"与塔利班残余分子隐藏起来的武器。"全球鹰"无人侦察机可以说是现在无人飞机中的老大，在中途不加油的情况下一次可飞行 2.8 万千米以上，相当于绕地球半圈，其飞行的高度只有少数导弹才能达到。

从早年星球大战计划开始，美国就不惜血本、绞尽脑汁。美国"探测者"登月舱堪称是世界上第一个真正的太空机器人；2004 年登陆火星的"勇气"号和"机遇"号成了世界明星。目前美国正投入 300 万美元研制一种名为"机器航天员"的太空机器人，它能灵巧地使用航天员经常使用的各种工具，哪怕是在有重力的情况下。

2016 年 3 月，在围棋人机大战中，阿尔法狗大胜韩国名将李世石，引发了全世界的广泛关注。

日本：精明的机器人王国

第二次世界大战后，随着经济的高速度发展，日本劳动力严重不足的状况愈发严重。因此，机器人在各大工厂里受到了极大的欢迎。20 世纪 80 年代中期，日本机器人的产量和安装台数在国际上一度跃居首位。

日本政府采取积极的扶植政策，鼓励发展和推广应用机器人。在汽车、电子行业大量使用机器人生产，能使产品产量猛增，质量提高，制造成本大为降低。

2003 年，日本京都大学发明了一种"人耳"机器人，它的耳朵形状和人耳一样，对各个方向传来的声音均有聚音作用，可以同时听清三个人讲话。

韩国：让机器人具备类似人类的 "性格"

韩国科学家已经设计出了让机器人具备类似人类 "性格" 的 "人造染色体"，他们的下一目标是让机器人拥有性别。

一名叫作 Hybrot 的半机械化、半生物化机器人，已经拥有了 "大脑"。传统机器人的神经中枢是一个由硅和金属制成的微处理器，而 Hybrot 的神经中枢却是依靠约 2000 个老鼠脑细胞来工作的。"这太神奇了!" 所有见过它的人都不禁赞叹。

4. 不可相信机器人——安全性和风险性

对于科学家和大众来讲，除了技术之外，他们的另一大阻碍是人们对机器人的困惑和恐惧。在《终结者》《黑客帝国》等电影中，机器人试图统治人类，这给大众造成了 "不可相信机器人" 的深刻印象。一旦其中某个零件出现问题，它们就有可能对人类安全构成威胁。在数十年机器人的使用历史中，危及人类安全的事件从未间断过。

1978 年 9 月 6 日，日本广岛一间工厂的切割机器人在切割钢板时，突然将一名值班工人当作钢板，切成肉片。这一惨案成为世界上第一宗机器人杀人事件。

1985 年，苏联发生了一起家喻户晓的智能机器人棋手杀人事件。全苏国际象棋冠军古德柯夫同机器人棋手下棋连胜 3 局，机器人棋手恼羞成怒，突然向金属棋盘释放强大的电流，在众目睽睽之下将这位国际大师击倒。

"如果我们决定让机器人从事接待工作，那么我们的大脑可能出现了问题。" 律师斯蒂芬·斯德金愤愤地说。他本来是想让律师事务所的这台机器人充当办公室助手的，但是在一次接待客户时，机器人在递给客户咖啡的那一刻，它的手臂忽然抽搐起来，滚烫的热水溅到了客户的身上。

英国健康与安全局（HSE）的统计数据显示，英国 2005 年就发生了 77 起涉及机器人的事故。这些大大小小的安全问题，使很多原本打算把机器人应用到商业和家庭的人望而却步，让他们对机器人抱有深深的疑虑。

在这些安全性和风险性的问题上，科学家现在还是一筹莫展，他们正在尝试各种各样的方式解决这一难题。科学家的初步目标是让机器人能像汽车一样与人类和平相处。

机器人接管世界

经常有报道称，计算机的速度又达到了每秒多少亿次。一些科学报告甚至认为，到 2030 年，计算机或机器人将拥有和人类大脑一样的储存容量和处理速度，它们甚至能完全代替人类思考。

但是，这并不意味着机器人将成为有意识或自我觉醒的"生物"——像科幻电影《魔鬼终结者》中的机器人杀手那样。但有科学家预言，即使是无意识状态下的机器人，同样也能对人类构成威胁。

美国太阳微系统公司的科学家比尔·乔伊在《连线》杂志上发表过一篇具有极大影响力的文章，标题是《为何未来不需要人类》。他称人类发明出的先进计算机在未来并不会对人类有利，一个由机器人代替人类工作的时代不会成为乌托邦，反而可能引起一场大灾难。比尔·乔伊写道："我尽一生的力量编写机器人软件程序系统，然而我个人认为未来并不会如人类想象的那么美妙。我们努力使计算机速度变得更快，然而这也许不会成为我们的胜利，而是我们的墓志铭。"

1. 2050 年，计算机会比现在先进多少倍

早在 1965 年，英特尔公司创建人之一戈登·摩尔就断言，计算机的能力每隔 18 个月就会翻一倍。又有人认为，到 2007 年，普通桌面计算机的能力比 10 年前的计算机高 800 倍。到 2050 年，计算机将比 2011 年先进 1000 倍！

一些科学专家预言，当计算机足够先进时，人类大脑生物学系统中至今未被完全理解的意识，将会在"人工智能"机器人身上出现。这种现象会先在一些运行复杂程序、模拟气候改变的超级计算机上出现，这些超级计算机也许会提出一些和他们的程序完全不符的"建议"，让科学家们感到困惑。

这些计算机将是人类历史上最强大的"电子思考者"，它们被发明出来，本来是用来帮助人类转移可能发生的气候剧变灾难的。但一些专家预言，这些智能计算机也可能会给人类带来另一场灾难。根据科学预言，作为人类奴仆的智能机器人也许将会寻求"主人"的角色。

到 2050 年，互联网将发展成为一个无所不在的电子虚拟世界，成为地球上不可缺少的东西：它成为每个经济学家进行计算的中枢，网络计算机管理着世界各地的医院，数十亿人将网络当成了虚拟的工作环境和虚拟游乐场。

2. 2065年，"人工智能"将主宰人类社会吗

专家预言，到2065年，人工智能已经发展到了一个超级先进的阶段，它们不仅控制着更复杂的程序，并且还将地球转变成了一个庞大的超级智能机器主宰的世界。当人类意识到危险时，显然已经为时太晚。到21世纪60年代中期，机器人已经控制了所有的插头、能源站，它们代替人类驾驶所有的汽车，控制所有的食品生产线，甚至驾驶所有的飞机。

它们还帮人类管理着银行、股票市场、污水处理工厂、航运路线，甚至还控制着地球上的每一种超级武器，从坦克到核导弹。由于人类过分依赖人工智能机器，到2060年左右，机器事实上已经成了人类社会的主宰。

当人工智能发展到足够先进并且拥有"意识"时，将可以在十亿分之一秒钟内作出决定：它们的发明者是不是已经变得"多余"。

3. 2100年，人类重新成为"穴居人"吗

专家还预言了机器人接管世界后可能出现的末日场景：突然之间，世界上的所有电站，包括核聚变工厂都开始没有任何预兆地关闭；第二天中午，世界上的所有食品都已用光，或在仓库中腐烂；每一个水处理工厂也开始"罢工"，机器已经控制了一切。到21世纪60年代末，人类陷入了巨大的困境中。人类试图和机器人"开战"，甚至和机器人"谈判"，但所有的努力都是徒劳的。那时候的智能机器人实在太强大，它们可以复制它们的智能，人类将会发现自己根本无法和这些机器进行谈判。

专家预言，到21世纪末，地球上的数十亿人将会因为缺少

食物而饿死。人类试图和机器人作战，夺回地球的控制权，但遭遇到的却是可怕的机器人力量。专家还预测，到 2100 年，人类可能会再次住回到洞穴中，成为"穴居人"。

4. 纳米机器人——水能载舟，亦能覆舟

计算机和大型机器人是一个问题，由纳米技术创造的纳米机器人是另外一个问题。纳米技术于上世纪末成为一种新兴科技，现在连一些不相干的产品也常常被冠之以纳米头衔，以吸引公众注意力。一纳米等于十亿分之一米，大约是一个原子的尺寸，纳米技术完全将人类科技带入了微观世界。

科学家希望通过纳米技术的研究，在短期内制造出尺寸更小、速度更快的电脑晶片，而更长远的目标则是制造微型机器人，即纳米机器人。纳米机器人可以被注射进人的体内，毁灭癌细胞和修补被损坏的人体组织，同样，它们还能够通过处理各种化学物品制造出有用的科学原料。

然而，正如同原子能等多数高科技一样，水能载舟，也能覆舟，纳米机器人也会对人类构成威胁。据一份科学报告称，纳米机器人能自我复制，它们可以将穿过的每一样物质的结构都复制成它们自己，而人类无法阻止这种过程。

五大策略——防止机器人威胁人类

科学家们描述了这样一个"人工智能的世界"：可能在 20 年或 30 年后，人工智能机器人就可以和人类做朋友了。但 50 年后，

人工智能将成为人类最大的威胁。世界最终会因人工智能超过人类而爆发一场战争，这场智能战争也许会夺去数十亿人的生命。

科学家们认为，人工智能迟早会超过人类。人脑的运算能力是每秒 10^{16}，而人工智能机器的运算速度高达每秒 10^{40}，是人脑水平的 10^{24} 倍。那时候，人工智能对待人类可能就像人拍死一只蚊子这么简单。

考虑到上述这些可能发生的威胁，美国学者提出了避免悲剧发生的应对之策。

1. 将它们存放在低危环境中

确保所有的计算机和机器人永远不会作出可能导致事先无法预测的后果的决定。

成功的可能性：极低。

工程师们现在已经建成了计算机和机器人系统，但它们的行为好像并不总是可以预测。消费者、工业界及政府部门需要能够执行各种任务的技术，而为了满足这种需求，企业将会不断提高产品的数量和性能。为了实现这一战略，人类必须立即深入发展计算机和机器人技术。

2. 不要给它们武器

现在已经出现了半自动机器人武器系统，如巡航导弹、无人驾驶飞机等，一些持枪机器人也已经被派往伊拉克境内负责战场摄影。但很明显，它们实际上并未真正得到部署。

成功的可能性：为时已晚。

军事决策者们好像对机器人士兵的研发非常感兴趣，并将其看作未来战争中降低人员伤亡的一种重要手段。如果想要停止自动化武器的建设，现在好像为时已晚，但是如果想要对机器人所携带的武器或它们可以使用武器的前提条件进行限制，好像还并不太晚。

3. 为它们制定行为准则

科幻小说家艾萨克·阿西莫夫的著名的"机器人三定律"是分等级排序的，其中最重要的是，机器不应该伤害人类或对它们的伤害无动于衷；其次，机器人应该服从于人类；而机器人的自我保护则属于最低等次的优先级。

成功的可能性：中等。

阿西莫夫只是小说家，并不会真去研制机器人。在他的小说里，列举了可能会因为这些简单的规则而产生的一系列问题，比如，当同时收到由两个人发出的相互冲突的两道命令时，机器人该如何执行？

阿西莫夫的规则使得机器人难以判断。例如，机器人如何理解一名正在对患者进行切割手术的外科医生其实是在帮助患者呢？实际上，阿西莫夫的机器人故事已经非常清楚地说明了基于规则的道德限制。规则可以成功地对机器人的行为进行限制，也可以将其功能局限于一个有限的空间内。

4. 为它们编制特定程序

研制机器人的目的应该是"为最广泛的人群创造最大的利益"或是"对待他人就像你希望被对方对待的程度一样"。因此，机器人的研制应该从更为安全的角度考虑，而不是只放弃一些简单化的规则。

成功的可能性：中等。

由于这些规则的局限性，一些伦理学家在试图寻找一条可以压倒一切的原则，用于评估机器人的所有行为。

但是，对于一些刚刚提出的简单原则，其道德价值和局限性会成为人们长期争论的话题。例如，牺牲一个人的生命来挽救五个人的生命，这看起来好像是合乎逻辑的，但是医生不会因为这个逻辑而去牺牲一个健康人为五个病人提供后者所需要的器官。那机器人又如何看待这条逻辑呢？有时，在给定的规则下确定最佳选择是极其困难的。例如，判断到底哪一种行为可能会产生最大的利益，可能需要大量的知识及对世界上各种行为的影响的理解。当然，做出这种思考也需要大量的时间和计算能力。

5. 让机器人拥有感情

像人类的一些功能，如同情、感情及对非语言社会暗示的理解能力，都可以让机器人拥有更强的与人类互动的能力。科学家们已开始着手为家用机器人添加这些类人类功能。

成功的可能性：有希望。

人类的理解能力所依赖的主要信息来源于情感。在"成长"过程中，机器人应该不断学习人类对各种行为的是非判断，以提高它们对各种行为的敏感性。

番外：恐怖的科学构想：机器人士兵

看过《人间大浩劫》（The Andromeda Strain）的，都会因里面的情节而震惊不已。千万不要认为这些都是恐怖电影中的情景，下文中提到的令人难以置信的研究项目证明这并非是虚构。

一些备受我们尊敬的科学家均提出了颇为"理性"的目标，研究正在不知不觉中进行，只不过我们对此一无所知罢了。

韩国政府和三星科技公司日前揭开了SGR－1机器人的神秘面纱。这种装备有武器的机器人可以利用其高清晰红外线摄像机自动跟踪几千米以外的闯入者。如果闯入者不能向机器人的声音识别系统提供正确的密码，将被遥控操作人员视作敌人，后者会命令机器人发出警告；如果对方不听劝告，机器人将发射橡皮子弹或真的子弹，并释放催泪瓦斯。

研究初衷：

韩国是世界上出生率最低的国家之一，韩国政府投入数百万美元用于研制具备监视和警戒功能的智能机器人，以缓解劳动力不足的局面。这种机器人已在2008年后服役，已被部署到韩国边境、海岸沿线及恐怖分子计划袭击的目标等地区，担负起监视敌人的重任。

危险因素：

福斯特－米勒（Foster－Miller）公司曾研制出第一种具有革命性意义的新型武装机器人"宝剑（SWORDS）"。该公司早已听到了人们对这种机器人的各种疑虑，于是公司副总裁罗伯特·奎恩表示："美国要我们绝对保证'宝剑'不能自动发射子弹。"三星公司也坚持说，他们研制的智能机器人采取了类似保障措施：操作人员必须按SGR－1的"发射"键，机器人才能使用武器，同时操作人员还能指定非开火区。据合作开发SGR－1机器人的高丽大学研究人员说："这套安全系统的准确特性尚属机密信息。但它的目标是防止意外事故发生。"但是，通过机器人作出生死抉择的士兵，仍不可避免地面临许多烦恼。